자기 연구의 원리를 반성해보지 못한 과학자는 그 학문에 대해 성숙한 태도를 가질 수 없다. 다시 말해서, 자신의 과학을 철학적으로 반성해보지 못한 과학자는 결코 조수나 모방자를 벗어날 수 없다. 반면에 특정 경험을 해보지 못한 철학자가 그것에 대해 올바로 반성할 수는 없다. 즉, 특정 분야의 자연과학에 종사해보지 못한 철학자는 결코 어리석은 철학에서 벗어날 수 없다.

_ 콜링우드

A man who has never reflected on the principles of his work has not achieved a grown-up man's attitude towards it; a scientist who has never philosophized about his science can never be more than a second-hand, imitative, journeyman scientist. A man who has never enjoyed a certain type of experience cannot reflect upon it; a philosopher who has never studied and worked at natural science cannot philosophize about it without making a fool of himself.

_ R. G. Collingwood(*The Idea of Nature*, 1945, pp.2-3)

철학하는 과학
과학하는 철학

1권 과학철학의 시작

철학하는 과학
과학하는 철학

과학철학의 시작

박제윤 지음

철학과현실사

차 례

4권 뇌와 인공지능의 철학

서 문

이 책의 제목, 『철학하는 과학, 과학하는 철학』이 아마도 대부분 한국의 독자들에게 어색해 보일 수 있을 것이다. 그것은 서로 어울리지 않아 보이는 '과학'과 '철학'을 억지로 관련시킨다고 보이기 때문일 것이다. 몇 해 전 어느 지역 문화원에서 강연 부탁을 받았다. 그날 강연 제목은 '과학과 철학 사이에'였다. 강의 장소는 주민센터로 결정되었다. 조금 일찍 도착하니, 그곳에서 일을 보시던 분이 무슨 일로 왔냐고 물었다. 강의하러 온 사람이라고 인사하자, 친절히 자리를 안내하며 믹스커피 한 잔을 대접해주었다. 그러고는 강연 제목에 관해 말을 걸어왔다. "좀 전에 우리끼리 이야기했었는데요, 과학과 철학 사이에 무엇이 있을지 생각해보았어요. 그리고 결론을 내렸지요. 글자, '과'가 있다고요."

과학과 철학의 연관성을 이해하지 못하는 대부분 독자는 아마도 이렇게 질문할 것 같다. 과학자가 철학을 공부해야 할 이유가 있을까? 도대체 과학에 철학이 쓸모 있을까? 반대로, 철학자가 과학을 공부해야 할 이유가 있을까? 대표적 인문학인 철학 공부에 자연과학 공부가 무슨 도움이 될까? 이 책은 그러한 질문에 대답과 이해를 주려는 동기에서 쓰였으며, 나아가서 이 책의 진짜 목적은 한국의 과학 또는 학문의 발전을 위해 철학이 꼭 필요하다는 인식을 널리 확산시키려는 데에 있다. 그런 인식의 부족으로 최근 한국의 여러 대학에서 철학 학과가 폐지되는 중이다.

'과학자가 철학한다'는 것은 자신의 과학에 대해 철학적으로 반성할 줄 안다는 의미이다. 그런 과학자는 언제나 자기 연구의 문제가 무엇인지 비판적으로 의식하려 노력한다. 그런 비판적 의식은 자신의 연구를 창의적으로 탐색할 원동력이다. 반면, '철학자가 과학한다'는 것은 자기 탐구의 과학적 근거를 고려할 줄 안다는 의미이다. 그런 철학자는 언제나 자기 철학 연구가 새롭게 발전하는 과학과 일관성이 있을지를 고려한다. 그러한 고려는 자신의 탐구를 현실적으로 탐색할 자원이다. 철학은 과학을 반성하는 학문이기에, 철학자는 늘 최신 과학적 성과를 살펴보아야 한다.

그런 인식 전환을 위해 이 책 4권 전체는, 목차에서 알아볼 수 있듯이, 역사적으로 과학과 철학의 관계를 이야기한다. 과학을 공부하는 사람이 왜 그리고 어떻게 철학 연구자가 되었으며, 과학의 발전이 철학에 어떤 영향을 미쳤는지를 보여주려 하였다. 특히 철학을 공부하는 과학자가 과학의 발전에 어떻게 기여하였는지를 살펴보려 하였다. 그리고 마지막 책에서 뇌과학 및 인공신경망 인공지능의 연구에 근거해서, 철학적 사고를 하는 과학자의 뇌에 어떤 변화가 일어나는지를 주장하는 가설을 제안한다.

어느 분야의 학문을 연구하는 학자라도 철학을 공부할 필요가 있으며, 여기 이야기를 듣고 많은 한국 학자와 학생이 자신의 전문분야 연구 중에 철학도 함께 공부하는 계기가 되기를 바란다. 그런 계기로 그들이 앞으로 성숙한 학자로 성장하기를 기대한다. 특히 미래 이 사회의 주역이 될 학생이 이 책을 읽고 자신의 전공과목 외에 철학도 공부함으로써, 자신의 전문분야에 대해 비판적이고 합리적이며 창의적으로 사고할 수 있기를 기대한다.

따라서 이 책은 이과 학생 또는 과학기술에 종사하는 분들에게 철학을 이해시키려는 의도에서 나왔다. 그러므로 그런 분들이 이 책을 가장 먼저 읽었으면 좋겠다. 특히 여러 수준의 학교에서 과학을 가르치는 교사에게도 도움이 되기를 바란다. 이러한 분야에서 내가 만나본 분들은 철학에 관심이 적지 않았다. 그렇지만 그분들로부터 철학 공부는 너무 어렵다는 이야기를 듣는다.

* * *

나 역시 공대를 다니던 시절, 처음 서양 철학책을 펼쳐 보기 시작했을 때 경험했던 어려움을 지금도 기억한다. 철학과 대학원에 입학하여 본격적으로 철학 공부를 시작했을 때도 같은 곤란을 겪었다. 비교적 쉽게 이해할 수 있다고 기대했던 철학책을 찾아 펼쳐 보았지만, 그런 책에서 언제나 좌절감을 느꼈다. 책의 내용은 철학자들의 시대적 배경이나 그들의 저서로 무엇이 있는지 등에 대해서 성가실 정도로 자세하였지만, 정작 알고 싶었던 그들의 철학에 대해서는 빈약했다. 서양 철학자들이 구체적으로 어떤 생각을 했으며, 왜 하게 되었는지 알고 싶었지만, 그 점에 대해서는 너무 추상적인 요약으로 일관되어 있었다. 더구나 대부분 문장이 너무 압축적이어서 글을 이해하려면 한두 문장을 읽고 생각하느라 천장을 올려보곤 했다. 그런 곤혹스러움은 거의 모든 페이지를 넘길 때마다 겪어야 했으며, 책장 한 장을 넘기는 일이 여간 어려운 일이 아니었다. 그러니 마침내 끝까지 읽지 못하고 중도하차하기도 다반사였다. 그때마다 느꼈던 답답함이 아직도 느껴질 정도이다.

　반면에 처음부터 대중적으로 철학을 소개할 의도에서 쓰인 책들은 거의 예외 없이 철학자들이 고심했던 생각과는 거리가 먼 내용을 다루었다. 그런 책을 읽고 나면 어김없이 시간만 낭비했다는 허무함이 남았다. 특히 철학을 공부하는 의미가 개인의 행복한 삶이라고 이야기하는 책들이 그러했다. 그런 책들은 소크라테스가 국가의 장래를 걱정하여 옳은 말을 하다가 사형 판결을 받았다는 사건을 외면한다. 이제 철학자가 되어 요즘 나오는 그런 책들을 다시 보면, 상당히 철학을 오해 및 왜곡시킨다는 생각에 책을 내려놓게 된다.

　현재에도 여전히 철학을 소개받고 싶어 하는 많은 독자가 있으며, 그들도 대체로 비슷한 경험을 할 것이라 예상해본다. 그래서 스스로 많이 부족하다는 것을 잘 알면서도 이 책을 써야겠다고 마음먹었다. 위에서 말한 것처럼, 독자들이 답답해하거나 허무함을 느끼지 않도록 하겠다는 취지를 가장 우선으로 두었다. 그저 이 책의 이야기를 부담 없이 읽으면서도 쉽게 이해되어야 하며, 소설책을 읽는 속도는 아니더라도 거의 그 정도로 쉽게 읽히며, 어려운 대목에서 책장을 넘기지 못하여 천장을 쳐다보는 일이 없도록 해야 한다고 생각했다. 그러면서도 서양 철학자들이 구체적으로 어떤 생각을 했는지를 비교적 소상히 이해할 수 있도록 해야 한다. 그 목적이 잘 달성되지 않았다면, 이 책의 철학 이야기는 실패이다.

　독자의 쉬운 이해가 우선인지라, 철학 원전의 내용을 거리낌 없이 수정하거나 보완하였다. 심지어 인용된 글조차 엄밀히 옮기지 않았으며, 또한 여러 인용에 대해 정확한 출처를 밝히지 않은 부분도 있다. 한마디로 이 책은 학술적으로 엄밀성을 갖는 책은 아니다.

차라리 글쓴이의 이해 수준에서 꾸며내고 지어냈다고 하는 편이 나을 것이다. 그렇지만 그 대가로 철학의 초보자도 난해해 보였던 내용에 쉽게 다가설 수 있을 것이다.

인간의 사고란 어느 정도 한계가 있다고 말할 수 있다. 그리고 인간의 사고 한계를 철학자들이 거의 보여주었다고 볼 수 있다. 또한 비판적 사고를 가장 잘 보여주는 사례가 바로 철학적 사고이며, 따라서 비판적 사고를 공부하려면 철학을 공부하는 것만큼 좋은 방법은 없을 것이다. 다만 그것을 쉽게 공부할 수 있으면 좋을 것 같다.

* * *

이 책의 내용은 글쓴이가 1990년부터 약 10년간 인하대학에서 강의한 '과학철학의 이해'라는 과목의 강의 노트에서 출발한다. 강의실에서 학생들이 쉽고 재미있게 공부하는 것을 보면서, 그 강의 내용을 언젠가는 책으로 엮어볼 생각을 가졌다. 이후 같은 내용을 단국대 과학교육과에서 2년 반 동안 강의하였고, 지금은 인천대에서 8년 동안 강의하고 있다. 이 책의 내용은 앞서 『철학의 나무』 1권(2006), 2권(2007)으로 출판된 적이 있다. 이내 그 책의 미흡함을 알게 되었고, 더 공부가 필요하다는 인식에서 3권을 미루었다가, 이제 4권으로 확대하여 내놓는다.

이 책 내용을 읽고 조언해주신 많은 분이 있었다. 세월이 너무 지나서 그분들 이름을 모두 여기에서 다시 밝히지는 않겠다. 그렇지만 그분들 모두에게 깊이 감사드린다. 지금까지 강의를 열심히 들었던 학생들에게도 감사드린다. 그 누구보다도 오늘 이 책이 탄생하도록 가르쳐주신 모든 철학 교수님들, 그리고 그 외의 모든 선생님께도 깊이 감사드린다. 그리고 감사하게도 이 책에 사용된 많은 그림을 처칠랜드 부부가 쾌히 허락해주었으며, 일부 그림을 일찍이 연세대 이원택 교수님께서, 그리고 가천대 뇌센터 김영보 교수님께서도 허락해주셨다. 일부 그림을 둘째 아들 부부(조양, 현정)가 도와준 것에도 고마움을 표한다.

인천 송도에서, 박제윤

1부

철학이 무엇을 찾는가?

일상적으로 사람들은 '철학'이란 말을 아주 다양한 의미로 사용하곤 한다. 그러므로 이 책에서 '필로소피(philosophy)'란 말이 어떤 뜻으로 사용되는지 명확히 밝혀두는 것부터 필요하다. 우리가 '철학'이란 추상적 개념을 다른 표현으로 명확히 설명하기는 그리 만만치 않다. 그러므로 '철학'이 무엇인지 명확히 밝히기 전에, 우선 '철학'이 무엇과 같지 않은지부터 살펴보자.

일상에서 우리는 길을 걷다 우연히 '○○철학관'이라고 쓰인 간판을 볼 수 있다. 그곳을 방문하는 사람들은 철학을 '인생의 길흉화복을 점치는 일'이란 의미로 이해할 것이다. 이 책에서 말하려는 철학의 의미는 그런 일과 전혀 관련이 없다.

한편, 방송에서 아나운서가 어떤 사회 저명인사와 대화를 나누면서 흔히 다음과 같이 질문하는 경우가 있다. "당신의 인생철학을 한마디로 말씀해주실 수 있습니까?" 혹은 "당신의 기업 철학은 무엇입니까?" 이런 질문에서 철학이란 '태도' 또는 '신념'을 의미한다. 이 책의 철학은 그런 것과 거의 관련이 없다.

또한 사람들은 흔히 철학자라면 당연히 '인생의 지혜'를 많이 알고 있다고 기대하는 경향도 있다. 그래서 "어떻게 인생을 사는 것이 잘 사는 것입니까?"라는 질문에 가장 좋은 대답을 해줄 사람이 철학자라는 가정에서, 누군가는 철학자에게 그 질문을 할 수 있다. 그러나 철학자 소크라테스만 하더라도 비판적 지적을 하다가 사형의 형벌을 받았다. 이 책에서 말하려는 철학은 '더 나은 삶을 위한 지혜를 얻으려는 노력'이라고 말하기 어렵다.

* * *

이 책의 '필로소피(philosophy)'는 발달하는 서양 과학의 기초에 어떤 철학이 있었는지를 보여주려 한다. 그러한 목적에서 앞으로 여러 서양 철학자가 '과학과 철학을 함께 연구하게 된 이유'와 함께, 그들이 '철학적 탐구를 통해 무엇을 밝혀냈는지'를 살펴볼 것이다. 시대 순서에 따라서, 그리고 이야기하려는 의도에 따라서, 서양 철학의 역사에서 중요한 인물로 평가되는 철학자들이 과학에 대해 어떤 생각을 가졌는지를 선별적으로 이야기할 것이다. 그러한 이야기는, 기원전 고대의 이야기(1권)에서부터 근대의 이야기(2권)를 거치고, 최근의 이야기(3권)를 거쳐서, 오늘날의 4차 산업혁명을 일으키는 뇌과학과 인공지능에 관련된 철학적 논의(4권)로 끝을 맺는다. 특히 4권은, 고대부터 철학자들이 고심해온 문제들이 이제 뇌신경과학과 인공지능의 연구와 어떻게 관련되는지, 그리고 어떻게 새롭게 이해되는지를 다룬다. 오늘날 전통 인문학인 철학의 문제는 과학의 문제로 바뀌는 중이다.

이제 이 책에서 말하는 철학이 무엇인지, 혹은 무엇을 탐구하는지 이야기를 시작해보자. 권위 있는 《철학 대사전(*Encyclopedia of Philosophy*)》(Macmillan Reference USA)은 철학에 대한 간략한 설

명을 담고 있다. 철학을 처음 공부하는 사람이라면 그것부터 살펴
보는 것은 나름 유익할 수 있다. 그 설명이 너무 축약적이므로, 쉬
운 이해를 위해, 그리고 오해를 줄이기 위해, 사례를 첨가하여 이야
기해보자. 이야기에 앞서 강조해둘 말이 있다. 철학이 무엇인지에
관한 그 정의에 적지 않은 철학자들이 동의하지 않을 것이며, 나
또한 그 모든 내용에 동의하지는 않는다. 그런데도 철학의 입문자
라면 본격적인 이야기에 앞서 한번 살펴볼 필요는 있다.1)

1장

철학이란?

그들[고대 학자들]은 무지에서 벗어나기 위해 철학을 탐구하기
시작했다.

_ 아리스토텔레스

■ 지혜 사랑하기

'필로소피(philosophy)'는 '지혜로움을 사랑한다'는 의미이다.

우리가 '필로소피'라는 말의 의미를 좀 더 깊게 이해하려면, 그
말이 다른 학문의 이름과 어떻게 다른지부터 알아볼 필요가 있다.
동물이나 식물을 연구하는 '생물학'은 영어로 '바이올로지(biology)'
라고 불린다. 그 말은 '생명체'란 뜻의 '바이오(bio)'와 '원리적 혹
은 체계적 설명'이란 뜻의 '로고스(logos)'란 말이 만나서 만들어졌
다.2) 그러니까 '생물학(biology)'은 '생명체를 원리적으로 설명하는
분야'라는 뜻을 가진다. 여기서 '원리적'이란 말을 '체계적'이란 뜻
으로 이해해도 좋다. 다시 말해서 '생물학'은 '생명체를 체계적으로

설명하려는 분야'라는 뜻을 갖는다. 같은 맥락에서, '심리학'의 영어 이름인 '사이콜로지(psychology)'라는 단어는 '마음' 혹은 '혼'이란 뜻의 '사이코(psycho)'와 '로고스'란 말이 만나서 만들어졌으므로, 풀어서 말하자면 '정신을 체계적으로 설명하는 분야'라는 뜻을 갖는다. 그리고 '지질학'의 영어 이름인 '지올로지(geology)'라는 단어는 '지구' 혹은 '땅'이란 뜻의 '지오(geo)'란 말과 '로고스'란 말이 만나서 만들어졌으므로, 결국 '지구의 땅을 체계적 설명하는 분야'라는 뜻을 갖는다.

반면에 '필로소피'란 말은 태생부터 그것들과 다르다. 기원전 300년 무렵 아리스토텔레스는 저서 『형이상학(*Metaphysica*)』에서, '필로소피'는 그리스 말로 '사랑한다'는 뜻의 '필로스(philos)'와 '지혜로움'이라는 뜻의 '소피아(sophia)'가 만나서 만들어졌다고 말한다. 그러니까 '필로소피'는 '지혜를 사랑하기'란 뜻을 갖는다. 그의 말에 따르면, '필로소피'란 말을 처음 사용한 사람은 기하학자 피타고라스(Pythagoras, 기원전 580-500 추정)이다. 피타고라스는 최초로 '지혜로움을 사랑하는 사람'이란 뜻으로 스스로를 '필로소퍼(philosopher)'라고 불렀다. 그러면서 그는 철학자가 어떤 사람인지 아래와 같이 설명했다.[3]

경기장에 세 종류의 사람이 있는데, '운동선수'와 '상인' 그리고 '관중'이다. 운동선수는 경기에서 이기면 '명예'를 얻을 것이며, 상인은 물건을 팔아 '돈'을 벌 수 있다. 그렇지만 관중은 경기장에서 명예나 이익을 얻지 못한다. 그저 경기를 구경하며, 흥분하고, 소리지르고, 게다가 돈까지 써야 한다. 관중은 단지 경기를 보며 '즐거움'을 얻는다. 철학자란 바로 경기장의 관중과 같은 사람이다. 철학자는 세상의 원리를 알려고 노력하며, 그 원리를 깨우칠 때마다 즐거움을 얻기 때문이다.

사실 그런 태도를 오직 철학자만 가지는 것은 아니다. 여러 분야의 과학자도 자신이 알고 싶어 하는 문제를 해결하기 위해 노력하는 중에 즐거움을 얻는다. 물론 자신의 연구 업적 덕분에 노벨상과 같은 큰 명예를 얻는 사람이 있고, 간혹 무언가를 발명해서 많은 돈을 버는 사람도 있기는 하다. 그렇지만 대부분 과학자가 처음부터 가능성이 매우 낮은 노벨상 수상이란 명예를 얻기 위해 연구에 나선다고 볼 수는 없다. 또는 많은 돈을 벌 수 있다는 기대 때문에 열심히 공부한다고 보기란 더욱 어렵다. 그보다 단지 무언가 이해하기 어려운 것이 생겼고, 그것을 밝혀내려는 호기심 때문에 연구에 깊이 빠져든다고 보는 것이 적절하다. 그리고 그런 연구가 때로는 힘들기도 하지만, 진정한 학자라면 연구 활동 자체에서 즐거움을 찾기 마련이다.

어쨌든, 철학자는 '세상이 왜 그러그러한 방식으로 되어 있는지'를 알고 싶어서 철학 탐구에 나선다. 그런 측면에서 철학자가 찾는 '지혜'는 '세상을 영리하게 살 줄 아는' 지혜는 아니다. 철학자가 '지혜를 사랑해서' 얻고자 하는 것은 '교활한 처세술'이나 사람들을 잘 이용할 줄 아는 '영악함'이 아니라, '세계의 근본원리'이기 때문이다. 아리스토텔레스의 말에 따르면, 사람들이 최초로 철학을 탐구하게 된 계기는 '호기심'을 가지고 단지 세계의 원리를 알고 싶어 했기 때문이다. 그는 이렇게 말한다.

사람들이 현재 철학을 하게 만들고 또 처음 철학을 해야 했던 것은, 바로 그들이 세상에 관한 경이로움을 가졌기 때문이다. 처음에는 단지 분명히 궁금해하는 문제에만 관심을 가졌으나, 점차 더욱 크고 포괄적인 곤경[이해의 어려움]에 호기심과 놀라움을 갖게 되었다. 예를 들어, 달과 해의 현상이나 별에 대한 현상에 대해서, 그리고 우주의 기원에 관한 문제로 관심을 확대해 나아갔다. 그런 문제들로 곤경을 느끼거나 경이로움(놀라움)을 가졌던 사람은, 자신이 무지하다고 생각하기 마련이다. (이러한 측면에서 신화를 사랑하는 사람도 지혜를 사랑한다고 말할 수 있다. 왜냐하면 신화는 경이로움으로 가득 차 있기 때문이다.) 그래서 그들은 무지에서 벗어나기 위해 철학을 하게 되었다. 결코 그들은 그저 알기 위해서 학문을 했던 것이지 어떤 유용성의 목적을 위해서 학문을 했던 것은 아니다.
(Aristoteles, *Metaphysica*, A2, 982b 12sq)

이제까지 주로 어원적 측면에서 살펴본 철학의 의미 혹은 목적을 알아보았다. 그 내용을 요약해보자면, 철학이란 우리가 '세계의 원리를 알고 싶고, 그 원리로부터 지혜를 얻으려는' 목적에서 출발하였다. 그렇다면 철학과 과학은 서로 어떻게 다른 것일까? 과학이야말로 세계의 원리를 찾으려 노력한다. 그런데 철학도 그렇다면 과학과 철학은 결국 같은 목표를 갖는 것인가? 일반적으로 우리는 철학과 과학을 구분하여 말한다. 따라서 양자 사이에 분명히 차이가 있을 것이다. 철학자와 과학자는 서로 어떻게 다른 연구를 하는가? 학문을 하지 않는 사람일지라도 그들 대부분은 과학이 밝히려는 세계의 원리가 무엇인지 (거의 정확히) 안다. 그런데 철학이 밝혀내려는 세계의 원리란 도대체 무엇일까?

■ 이성적 탐구

철학은 이성적으로 알 수 있는 대상을 연구하며, 그것의 원리를 알려고 한다.

앞서 말했듯이, 서양에서 '필로소피'란 말은 '지혜를 사랑하기'란 의미로 탄생했다. 그리고 철학자는 과학자와 마찬가지로 순수한 지적 호기심에서 '세계의 원리'를 알려는 사람이다. 그렇지만 우리가 '철학'과 '과학'을 구별하여 말하는 것을 보면, 틀림없이 철학자가 공부하는 것과 과학자가 공부하는 것 사이에 무언가 확연히 구별되는 서로 다른 특징이 있을 것이다. 철학이 탐구하는 것과 과학이 탐구하는 것 사이에 무엇이 다른가?

아주 오래전부터 서양 철학이 특별히 관심 가졌던 중요한 두 가지 주제가 있다. 그 주제는 '세상에 무엇이 존재하는지'(형이상학, 또는 존재론), 그리고 '그런 것들을 우리가 어떻게 알 수 있는지'(인식론)에 대한 의문이다. 일상적으로 우리는 이러한 문제를 우리가 물어야 할 이유가 있는지 의심스러울 수 있다. 일상적으로 우리는 눈으로 보이는 것을 존재한다고 믿으며, 그렇지 않은 것을 존재하지 않는다고 생각하기 때문이다. 그리고 우리는 세계에 대해 눈으로 보고, 혹은 좀 더 조심하여, 감각을 통해서 세계에 있는 것을 알 수 있다고 생각한다. 비록 우리가 직접 경험하지 못하더라도, 모든 지식은 처음 누군가 감각 경험을 통해 얻어낸 것들이라고 주장할 수 있다.

그렇지만 아래와 같이 던지는 질문에 위의 상식적이고 일상적인 생각이 부족한 생각이었다는 것이 쉽게 드러난다. "당신은 누군가를 사랑하는 마음을 가진다. 그런데 그 '마음'이란 것을 어떻게 알 수 있었는가? 역시 눈으로 보아서 안 것인가?" 어쩌면 누군가 다음과 같이 대답할 수도 있다. "내가 사람들과 대화를 해보고, 또 사람들의 행동을 보면, 그 사람이 나를 사랑하는지 그렇지 않은지를 알 수 있다. 그러니까 결국 나의 사랑하는 마음도 감각 경험을 통해서 알았다고 할 수 있다."

이런 대답에 철학자의 질문은 조금 더 어렵게 이어질 수 있다. "그래서 '마음 자체'를 눈으로 직접 볼 수 있다고 주장하는 것인가?" 이렇게 곤란한 질문과 마주친다면, 누군가는 질문의 의도에서 벗어나 아래와 같이 대답할 수도 있다. " '마음'이란 이 세상에 있는 것은 아니다. 눈으로 볼 수 있는 것이 아니기 때문이다." 곤란한 상황을 벗어나기 위해 만약 위와 같이 대답한다면, 위의 대답이 어떤 의미를 갖는지 더 잘 드러내기 위해서 철학자는 예를 바꿔서 다시 질문할 수 있다. "우리는 대한민국이란 '국가'가 없다고 생각하지는 않는다. 그런데 우리는 그 국가를 눈으로 보고 알았을까?"

이제 그 누군가는 이런 질문에 자신 있게 대답하기 어렵게 되었다. 우리는 모두 국가가 있다고 가정한다. 그렇지만 국가의 존재를 우리가 어떻게 알았을까? 이런 질문은, 직접 볼 수 없으며, 감각으로 직접 경험할 수 없는 것이 있으며, 그것을 우리가 어떻게 알 수 있는지를 묻는 것이다. 그 누군가는 혹시 다음과 같이 항변할 수는 있다. " '마음'이나 '국가'는 말뿐이며, 세상에 있는 것이 아니다." 이 대답을 조금 더 세련되게 고쳐보자. " '마음'이나 '국가'는 개념뿐이며, 실제로 있는 것은 아니다. 오직 눈으로 볼 수 있고 손으로 만져볼 수 있는 것만 실제로 존재하는 것이다."

누군가 위와 같이 대답한다면, 철학자는 아래와 같이 다른 예를 들어 반문할 수 있다. "우리는 '에너지를 절약하자'라고 말하는데, '에너지'는 있는 것인가, 아니면 말뿐인 없는 것인가?" 우리는 '없는 것'을 절약하자고 하지는 않을 것이므로, '에너지'는 있는 것이라고 인정하지 않을 수 없을 것 같다. 우리가 어떤 석탄 가루나 석유를 만질 수는 있지만, '에너지' 자체를 만질 수는 없다. 그럼에도 우리는 에너지의 양을 계산할 수 있다. 그러므로 에너지는 있는 것이라고 해야 한다. 또 '힘'이 있고, '전기'가 있고, '과학 법칙'이 있다. 그러한 것들을 감각으로 혹은 직접 경험으로 느낄 수는 없지만, 그저 말뿐이라고 생각할 수 없다.

뉴턴이 만유인력의 법칙을 발견했을 때, 그가 그 자연법칙을 직접 감각으로 알 수 있었던 것은 아니었다. 그렇다면 그가 발견한 '만유인력의 법칙'은 있는 것인가, 아니면 없는 것인가? 다시 말해서 '뉴턴 법칙'이 세계에 없는 것에 관한 것이라 말할 수 있겠는가? 이런 의문을 통해서, 우리는 분명히 뉴턴의 법칙이 그저 말에 불과한 개념뿐이며 존재하지 않는 것이라고 주장할 수는 없다. 우리 인류는 자연법칙을 알아내어 자동차도 만들고 비행기도 만들어서 타고 다니기 때문이다. 다시 강조하건대, 눈에 보이지 않으면서도 세상에 존재하는 '법칙들'이 존재한다. 그뿐 아니라, 철학자들은 '사고의 법칙' 또는 '논리적 규칙' 등도 밝혀내고, 그것을 기술자는 컴퓨터 논리에 활용할 수 있었다. 그런데 논리 규칙이 있는가, 없는가? 그러한 고려에서, 우리는 직접 경험한 것들만 알 수 있는 것은 아니라는 생각에 동의하게 된다.

지금까지 가상적인 철학자와 그 누군가 사이의 대화를 정리해보면, 우리가 세상에 대해 무엇을 알아낼 방법은 두 가지로 구분된다. 그 하나는 '감각적 느낌으로 아는' 것이고, 다른 하나는 '감각적이지 않은 방식으로 아는' 것이다. 앞을 '지각한다(perceive)'라고 하고, 뒤를 '알아챈다(conceive)'라고 할 수 있다. 여기서 '알아챈다'는 말은 '이성의 눈으로 안다'는 의미이다. 그렇게 이성의 눈으로 본 것을 우리는 '개념(concept)'이라고 한다. 그러니까 감각으로 알 수 있는 대상과 함께, 이성으로 알 수 있는 개념적 대상도 세계에 존재한다는 주장이 가능하다. 전통적으로 서양 철학에서는 감각으로 알 수 있는 대상을 '실제로(actual)' 있는 것으로, 그리고 마음의 눈으로 알 수 있는 대상을 '실재로(real)' 있는 것으로 구분해왔다.

이렇게 우리가 알 수 있는 대상을 둘로 나누어 볼 때, 눈에 보이는 것을 연구하는 사람을 과학자라고 부른다면, 눈으로 볼 수 없는 대상을 이성으로 연구하는 사람을 철학자라고 부를 수 있다. 물론 철학자마다 서로 주장이 다를 수 있어서, 이 주장에 모두 동의하지는 않는다. 그러한 측면에서, 대략 철학과 과학은 연구 대상이 서로 다르다고 말할 수 있다. 지금까지 이야기에 어느 정도 동의하더라도, 그 누군가는 다시 예리한 질문을 할 수 있다. 그래서 철학자가 무엇을 알아낼 수 있는가?

과학자는 관찰과 실험을 통해서 많은 법칙을 밝혀내고, 수많은 유익한 지식을 밝혀냈지만, 철학자는 무엇을 알아냈는가? 철학자는 이성으로 알 수 있는 것을 어떻게 그리고 무엇을 알아내었는가? 만유인력의 법칙도 과학자가 발견한 것이지, 철학자가 발견한 것은 아니다. 지각으로 연구하는 과학자와 달리, 철학자는 이성으로 무엇을 '알아챌' 수 있었는가?

■ 실재를 탐구

철학은 참된 실재(true reality)를 찾는다.

일상적으로 우리는 눈으로 본 사물의 모습이 모두 진실한 모습이라고 생각한다. 그러한 상식적 생각 자체를 부정할 필요는 없다. 그러나 플라톤은 '눈으로 본 것'보다 '이성으로 본 것'에서 더 진실한 모습을 찾아볼 수 있다고 생각했다. 비상식적으로 보이는 그러한 관점을 갖는 철학자라면, 눈으로 보면서 혹은 감각적 경험을 통해 학문을 연구하기보다는, 이성으로 학문을 연구하는 것이 진실한 세계를 더 잘 알려줄 수 있는 연구 방법이다. 그렇게 생각해서 그는, 철학은 '진실한 존재를 탐구한다'고 주장할 수 있다. 그렇지만 누군가는 그런 주장에 이렇게 따져 물을 수도 있다. "도대체 '이성으로 안다'는 것이 무엇인가? 그리고 어떻게 눈으로 본 것보다 이성으로 안 것을 더 진실한 것이라 말할 수 있는가?"

위의 반문에 대해 철학자는 다음과 같이 대답할 수 있다. 플라톤이 고대 그리스 아테네에 학교를 세웠는데, 그 학교 이름을 '아카데미(Academy)'라고 붙였다. 그 이름에서 유래되어 오늘날 사람들은 '공부하는 장소'를 뜻하는 말로 '아카데미'를 널리 사용한다. 플라톤은 그 학교의 정문에 이렇게 써놓았다. "기하학을 모르는 자는 이 문에 들어서지 말라." 그것은 분명 그 학교에서 '기하학'을 중요하게 가르쳤기 때문이다. 플라톤이 그곳에서 기하학을 가르치며 어떻게 철학을 탐구하였는지 아래와 같이 상상해볼 수 있다.

당시는 오늘날과 같은 좋은 종이나 제도기와 같은 것은 없었으며, 따라서 아마도 운동장에 막대기로 삼각형이나 사각형, 혹은 원

모양을 그려보면서 공부했을 것이다. 모래판 위에 그려진 도형들은 상당히 삐뚤어진 모양이며, 오늘날 수학 선생님이 칠판에 분필로 대충 그린 도형도 그다지 정교한 모양은 아니다. 그렇지만 그렇게 대충 그려진 도형을 가지고도 교사는 기하학을 설명할 수 있으며, 학생 역시 별로 불편하지 않게 배울 수 있다.

아마도 플라톤은 [그림 1-1]의 (a)와 (b) 같은 원을 그려 보여주며, 누구라도 당연하게 아는 질문을 이렇게 했을 것이다. "두 원 중 어느 것이 더 둥근가?" 물론 학생들은 그 질문에 쉽게 답할 수 있다. 그러면 플라톤은 다시 이렇게 물었을 것이다. "너희는 그것을 어떻게 알았는가?"

우리는 여러 둥근 원 중 어느 것이 완전한 원에 더 가까운지 알 수 있다. 그리고 우리는 둥근 빵이나 둥근 그릇, 혹은 둥근 쟁반 중 어느 것이 완전한 원에 더 가까운지 말할 수 있다. 그렇게 말할 수 있으려면, 우리는 완전한 둥근 모양이 무엇인지 '이미 알고 있어야' 한다. 그렇지만 우리는 한 번도 '완전한 원'을 그려본 적이 없다. 그리고 완전한 모양의 삼각형도 그려본 적이 없다. 그런데도 우리는 완전한 둥근 원의 모양이 무엇인지 잘 알고 있으며, 완전한 삼각형의 모양이 어떤 것인지도 알고 있다. 도대체 본 적도 없는 그 것을 어떻게 알았을까?

위의 질문에 대해 플라톤이 어떤 대답을 내놓았는지는 뒤에서 이 야기하기로 하고, 여기에서 우리가 관심을 가져야 할 것은 이렇다. 우리는 눈으로 보는 것보다 이성으로 알 수 있는 지식을 가진다. 그리고 그런 지식은 감각 경험, 즉 눈으로 본 앎보다 더 훌륭한 '앎'일 수 있다.

앞에서 이야기했듯이 둥근 그릇이나 둥근 쟁반 혹은 둥근 빵들은

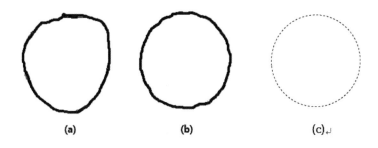

(a)　　　　　(b)　　　　　(c)↵

[그림 1-1] 우리는 위의 대강의 둥근 원 (a)와 (b)를 보면서 그중에 어느 것이 더 둥근 원인지 알 수 있다. 그럴 수 있는 것은 본 적이 없더라도 완전한 원이 무엇인지 알기 때문이다. (c)는 완전한 원을 상징하여 점선으로 그렸다.

모두 개별 사물이다. 그 '개별 사물'은 어느 것도 완전한 원의 모양이 아니며, 조금씩 일그러진 모양이다. 반면에 우리가 이성으로 이해하는 원은 '개념'이다. 그리고 그 '개념'의 원이란 완전한 둥근 모양을 말한다. 우리는 완전한 도형의 모습을 개별 사물의 모양에서 찾아볼 수 없다. 즉, '눈으로 볼 수 있는' 사물에서 우리는 완전한 원이나 완전한 삼각형의 모양, 즉 진정한 원의 모습과 진정한 삼각형의 모습을 볼 수 없다. 오히려 우리는 그 완전한 모습을 알고서야 불완전한 모습도 그것인 줄을 알아볼 수 있다.

이제 이러한 플라톤의 관점에서, 어느 철학자는 이렇게 결론지을 수 있다. 과학은 대부분 관찰에 의존해서 학문을 연구한다. 그렇지만 관찰에 의존해서 세계의 모습을 보려는 방식으로는 세계의 진실한 모습을 볼 수 없다. 다시 말해서, 우리는 실험하고 관찰하는 과학의 방법으로는 완전한 모습, 혹은 '참된 지식'을 얻을 수 없다.

플라톤이 위와 같은 관점을 가지게 된 배경에는 그의 스승인 소크라테스의 영향이 컸다. 소크라테스는 훌륭한 나라를 만들려면 어떻게 해야 하는지의 문제에 매우 관심이 많았다. 당시에 정치인은 시민 앞에서 국가의 정의로움을 구현하기 위해 자신이 나서야 한다고 외쳤다. 그 모습을 보고 소크라테스는 그 정치인들이 참된 정의로움을 모르면서 그렇게 외치고 있다고 생각했다.

우리는 흔히 '정의로운 사회'란 말이 무슨 뜻인지, 그리고 '정의로운 행동'이 무슨 뜻인지 잘 알고 있다고 가정한다. 그렇지만 정작 '정의로움' 자체가 무엇인지 설명해보라고 질문을 받는다면, 그 질문에 대답하기 무척 어렵다는 것을 깨닫게 된다. 물론 우리는 남들의 행동을 관찰하고 그 사람들의 행동에서 어느 정도 정의로움이 있다고 생각할 수 있기는 하다. 그리고 여러 사람의 행동 중 어느 것이 더 정의로운 것인지도 알아볼 줄 안다. 그렇지만 사람들이 하는 행동에서 '완전한 정의로움'을 볼 수는 없다. 따라서 소크라테스의 제자인 플라톤은 다음과 같이 결론지었다. 우리가 사람들의 실제 행동에서 '진정한 정의로움'을 알아낼 수는 없다. 그렇지만 우리가 어떤 사람의 행동에 대해 조금 더 정의롭다거나 조금 덜 정의롭다고 판단할 줄 아는 것을 보면, 틀림없이 완전한 '정의로움'이 있고, 그것에 비추어 판단할 수 있기 때문이다. 기하학에서도 역시 우리가 완전한 도형을 알기 때문에, 실제로 그려진 여러 도형 중 어느 것이 완전한 형태에 더 가까운지 분별할 수 있다.

실제로 모래 위에 그려놓은 도형에서 우리가 알 수 있는 모습을 철학자는 '현상(phenomenon)'이라 부른다. 플라톤의 관점에서, 철학은 현상만을 바라보지 않으며, 현상 너머의 눈에 보이지 않는 어떤 것, 다시 말해서 이성의 눈으로 알아볼 수 있는 진실, 즉 실재

(reality)에 대해 연구한다. 경험을 통해서 현상을 바라보며 연구하는 것이 과학이라면, 경험을 통해 볼 수 없는 사물들의 '진실한 모습'을 이성으로 연구하는 것은 철학이다. 우리는 무엇의 진실한 모습을 '본질(essence)'이라고도 말한다. 현상 뒤에 감춰진 진실한 모습, 즉 본질을 보려면 이성을 발휘해야 한다. 그러한 관점에서, 철학자는 이성으로 알 수 있는 지식을 근원적인 앎, 혹은 '궁극적 지식'이라고 말한다. 그렇게 이성으로 연구하는 학문이 바로 철학이라는 점에서, 철학이 우리를 세계의 진실로 안내하는 학문이라고 '일부' 철학자들은 생각했다.

그렇지만 지금까지 이야기에 다시 질문해보자. 어떻게 과학보다 철학이 더 진실한 지식을 제공한다는 말인가? 정말 철학이 과학보다 더 '근본적인 무엇'을 알아낼 수 있었는가?

■ 궁극적 질문

철학은 궁극적 지식을 찾는다.

철학이 근원적인 혹은 궁극적인 지식을 밝힌다는 말이 무슨 의미인가? 그리고 철학은 그런 지식으로 무엇을 밝혀냈는가?

옥스퍼드 영어사전에서 '필로소피(Philosophy)'란 말을 찾아보면 "궁극적 실재(entity)와 대상의 가장 일반적인 원리와 이유를 다루는 학문"이라고 쓰여 있다. 이것을 쉽게 풀어보면, 철학이란 "다른 학문에 비해 세계의 더욱 근본적인 지식 혹은 원리를 얻을 수 있는 학문"이다. 또한 미국의 심리학자이며 철학자인 제임스(William

James, 1842-1910)는 철학이란 "만족스러운 대답을 얻지 못한 질문을 대표하는 이름이며, 일단 만족스러운 대답이 발견되면, 그 질문은 개별 과학의 영역이 되고 만다."라고 말했다. 이 말의 의미도 풀어 설명하자면, 철학은 "아직 충분히 이해되었다고 할 수 없는 궁극적인 질문, 혹은 지금까지 대답할 수 없었던 새롭고 근본적인 질문을 던지는 학문"이라고 이해된다. 그러한 이해에서, 철학은 세계에 대해 새롭고 근본적인 질문을 던지고 대답하려는 노력이다. 그리고 만약 그러한 근원적 질문에 우리가 어느 정도 만족스러운 대답을 얻을 수 있게 된다면, 비로소 그 부분은 과학이 다루는 분야가 된다. 실제 역사적으로 그러했던 증거가 있었는가?

역사적으로, 고대 그리스에서 처음 학문이 시작되었을 때, 학자들은 여러 분야의 학문을 구분하지 않고 연구하는 경향이 있었다. 그들 대부분은 스스로 철학자라고 생각했다. 그리고 훗날 그러한 철학에서 여러 분야의 학문이 분리되었다. 탈레스(Thales, 기원전 624-546)는 요즘의 분야로 말해서 '수학'과 '천문학'을 많이 연구했으며, 플라톤은 '기하학'을 많이 연구했고, 아리스토텔레스는 특히 '생물학'을 많이 연구했다. 그들은 그런 공부를 하면서, 그 학문에서 나름대로 궁극적인 의문을 가졌다. 그리고 스스로 '철학하는 과학자'로 생각했다.

예를 들어, 세계에 대해 명확히 알지 못하던 고대에 그들은 세계의 구성 원소가 무엇인지 막연히 형이상학적으로, 즉 철학적으로 탐구하였다. 그러나 훗날 세계를 구성하는 원소가 무엇인지 구체적으로 말할 수 있게 되자, 그 문제는 철학에서 경험과학의 영역으로 넘어갔다. 근대에는 주로 화학자들에 의해서 물질의 원소인 분자와 원자에 관한 구체적인 탐구가 이루어졌으며, 요즘은 물리학자들에 의해서 원자를 구성하는 미립자에 관한 연구가 이루어지고 있다. 만약 아직 과학이 제대로 밝히기 어려운 궁극적인 문제가 있다면, 그것을 철학적 주제라고 여겨도 좋을 것이다. 현대에는 양자역학에 대한 철학을 탐구하는 학자들이 있다.

그렇다면 철학은 과학과 다른 어떤 궁극적인 질문을 했는가? 그리고 철학을 공부하여 과학이 답하기 어려운 더 깊은 이해를 얻은 것이 있었는가? 우리는 세계를 이해하기 위해서 과학을 연구한다. 그리고 과학이 밝혀낸 원리가 사람들에게 높은 설득력을 준다. 그런데 과학에 설득력이 있다는 것은, 그 원리를 이용하여 이미 일어난 일에 대해 이해 및 '설명'을 할 수 있을 뿐만 아니라, 아직 일어나지 않은 것을 정확히 '예측'할 수 있기 때문이다. 그리고 그것은 과학자가 수학을 이용하여 정확히 계산할 수 있어서이다. 그렇다면 여기에서 우리는 다음과 같은 궁극적인 질문을 하지 않을 수 없다. 어떻게 우리가 그러한 수학적 역량을 가질 수 있었는가? 다시 말해서 우리가 모든 것들을 숫자로 말할 수 있는 까닭은 무엇인가?

위의 질문에서 우리가 숫자로 파악한다는 말은 곧 우리가 양적으로 파악한다는 말과 같다. '양(quantity)'과 비교되는 말로 '질(quality)'이라는 말이 있다. 그 두 말에 대해서 깊게 생각했던 학자가 있었다. 독일의 철학자 칸트는 '질'과 '양'에 관해서 의문을 가졌다. 우리는 '질'과 '양'을 다르다고 구분한다. 그런데 '질'은 무엇이고 '양'은 무엇인가? 이 질문에 대답하기 위해 조금 더 구체적인 예를 살펴보자. 우리는 자신이 친구보다 아주 귀한 것을 가지고 있다고 확신하는 경우 자랑스럽게 아래와 같이 말하곤 한다. "내 것은 네 것하고 질적으로 다른 것이야." 예를 들어, 만약 친구가 금덩어리 다섯 개를 가지고 있고, 자신은 한 개를 가지고 있음에도, 자신이 가진 금덩어리 한 개의 금 함량이 친구 것보다 높을 경우라면, 그것을 질적으로 좋은 것이라고 생각할 수 있다. 이렇게 우리는 일상적으로 '질'과 '양'을 구별한다.

그렇지만 아래와 같이 생각해보자. 만약 자신의 금덩어리 한 개를 녹여 얻어낸 순수한 금의 양이 친구가 가진 다섯 덩어리를 녹여서 얻은 순금의 양보다 적다면, 자신의 것이 친구의 것보다 나은 것이라고 주장할 수 없다. 그러므로 '질적으로 좋다'고 자랑했던 나의 금덩어리는 친구의 금덩어리에 비해 '양적으로 못하다'고 해야 한다. 이렇게 질적인 차이는 사실상 양적인 차이에 불과하다. 더 직접적으로 말해서, 만약 내가 가진 금덩어리가 친구 것보다 질적으로 나은 것이라도, 그것이 98퍼센트 순금이고, 친구가 가진 금덩어리가 55퍼센트 순금이기 때문이라면, 그 질적 차이는 사실상 수적 차이, 즉 양적 차이이다. 그런 측면을 고려해본다면, '질'과 '양'은 근본적으로 다르지 않다. 그런 관점에서 칸트는 아래와 같이 말했다. "모든 질적인 것은 양적이다." 즉, 우리는 어떤 질적인 것에 대해서도 숫자로 말할 수 있다. 칸트의 말을 요즘 말로 바꾸면, "모든 아날로그(analogue) 양은 디지털(digital) 양이다."라는 말이 된다. 즉, 모든 아날로그를 디지털로 바꿀 수 있다는 뜻이다. [참고 1]

칸트의 말대로 모든 질적인 것이 양적이라고 이해할 수 있다면, 그 이해로부터 우리는 어느 질적 차이에 대해서도 (원리적으로) 양적 차이, 즉 숫자로 말할 수 있다는 것을 알게 된다. 그러한 측면에서 기상청은, 오늘 날씨가 몇 퍼센트로 비가 올 확률을 갖는지 '숫자'로 일기 예보를 하기도 하며, 후덥지근한 어느 여름 날씨가 얼마나 불쾌감을 주는지 불쾌지수를 '숫자'로 이야기할 수 있다.

나아가서 칸트는 우리가 어떻게 숫자 개념을 가질 수 있는지에 대해 '시간'으로 설명한다. 우리는 시간을 눈으로 볼 수 없으며, 손으로 만져볼 수도, 냄새로 알 수도 없다. 그렇지만 우리는 시간을 '이성의 눈'으로 알 수 있고, 시간이 있다는 것을 안다. 다시 말해서 눈을 감고도 시간이 흐르고 있음을 알 수 있다. 그의 생각에 따르면, 우리가 마음속으로 '하나', '둘', '셋', '넷' 등으로 숫자를 셀 수 있는 것은 바로 시간을 알 수 있는 역량에서 나온다. 우리는 시간을 알 수 있는 역량을 가져서 세계를 수학적으로 파악할 수 있다.

이상의 이야기에서 볼 수 있듯이, 철학자 칸트는 '질'과 '양'이 무엇인지에 대해서 생각했고, '시간'이 무엇인지에 대해서도 생각했다. 그리고 그는 결국 우리가 아날로그 양을 디지털 양으로 바꿔 세계를 파악할 수 있는 이유를 설명했다. 그가 살았던 1700년대에 비추어 볼 때, 매우 창의적인 이해와 설명을 내놓았다. 그는 우리가 과학 연구에서 수학을 엄밀히 사용할 수 있었던 까닭을 새롭게 설명했다. 이처럼 철학자는 일상적으로는 생각하지 못하는, 어쩌면 보통의 과학자가 생각하지 못하는 근원적 질문을 던지고 답을 찾으려 한다.

예를 하나 더 들어보자. 독일의 수학자이며 논리학자인 프레게(Friedrich Ludwig Gottlob Frege, 1848-1925)는 수학을 연구하면서 수식에 다음과 같이 근본적 질문을 하였다. " 'A = B'가 어떻게 가능한가?" 우리는 수학을 공부하면서 다음과 같은 수식 형태를 본다. '$y = ax + b$' 이 수식의 좌변과 우변을 아주 단순한 형식으로 써본다면 다음과 같이 쓸 수 있다. 'A = B' 그런데 프레게가 생각해볼 때 이것은 문제가 있다. 위의 식에서 'A'는 'B'가 아니기에 'A'라고 쓰며, 'B'는 'A'가 아니기에 'B'라고 쓴다. 그렇게 'A'와 'B'가 서로 다르기에 각기 다르게 적어놓고, 다시 같다고 기호 '='

을 붙이는 것은 논리적으로 문제가 있다. 양쪽이 다르다고 하면서, 다시 같다고 주장하는 것과 다름없기 때문이다. 그것은 명백히 자기모순처럼 보인다. 그러므로 'A = B'가 어떻게 가능한지 제대로 설명되지 않는다면, 기호 '='을 붙여 사용하는 수학의 모든 수식에 문제가 있는 것이 되겠기에, 프레게는 자신이 그 문제를 해결해야겠다고 생각했다. 곰곰이 생각한 끝에 그는 아래와 같은 예를 들어 그 의문에 대답한다.

어스름한 초저녁에 그리고 새벽 무렵에 다른 별들이 잘 보이지 않을 때 남쪽 하늘에 밝게 빛나는 별이 하나 있는데, 그 별이 바로 '샛별' 혹은 '금성'이다. 사실 금성은 스스로 빛을 내는 별(star)이 아니며, 태양 빛에 반사되어 보이는 지구와 같은 행성(planet)이다. 즉, 밤하늘에 빛나 보이는 것들이 모두 같은 방식으로 빛나지는 않는다. 아무튼 고대 서양 사람들은 새벽에 보이는 것과 초저녁에 보이는 것이 각기 다른 별이라고 생각했고, (영어식 이름으로) 초저녁에 보이는 별을 '저녁별(the evening star)'이라 불렀고, 새벽에 보이는 별을 '아침별(the morning star)'이라 불렀다. 그런데 만약 갈릴레오 갈릴레이(Galileo Galilei, 1564-1642)가 망원경으로 그 두 별을 관찰하여 실은 그 두 별이 같다는 것을 알게 되었다고 가정해보자. 그 후로 사람들은 "아침별은 저녁별이야."라고 말할 수 있다. 그들이 그렇게 말할 수 있는 것은 '아침별'이라는 말과 '저녁별'이라는 말의 표현이 서로 다르지만, 두 표현은 사실 모두 같은 대상의 '별'을 가리키기 때문이다. 조금 더 정확하게 표현하자면, '아침별'이라는 말(표현)과 '저녁별'이라는 말(표현)의 '의미'가 서로 다르지만, 두 말은 모두 같은 '지시체', 즉 동일 '대상'을 가리키기 때문이다.

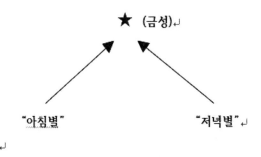

[그림 1-2] 언어적 표현인 '아침별'과 '저녁별'이 동일 대상인 '금성'을 가리킬 수 있다.

그 예를 다시 수식에 적용하여 설명해보자. '$y = ax + b$'에서 좌변인 'y'와 우변인 '$ax + b$'가 서로 다르게 표현되었지만, 양쪽 모두 같은 '숫자'를 가리킨다면 우리는 그 둘을 '같다(=)'고 말할 수 있다. 예를 들어, 좌변의 값이 숫자 5를 가리키고, 우변의 계산 값이 숫자 5를 가리킨다면, 우리는 그것들을 '같다'고 말할 수 있다. (이러한 측면에서 프레게는 숫자를 일종의 '대상'으로 여겼다. 이성의 눈으로 보는 '개념적 존재'이다.)

그렇게 그는 '$A = B$'가 어떻게 가능한지를 설명했다. 'A'라는 말이 갖는 의미와 'B'라는 말이 갖는 의미는 서로 다르지만, 두 말이 모두 같은 대상(수)을 가리키면, 우리는 그 양변을 '같다'고 말할 수 있다. 이렇게 이해하고 나서야 프레게는 자신이 물었던 수학의 근원적인 질문에 대답했다고 만족해했다.

그런데 영국의 철학자 러셀(Bertrand Russell, 1872-1970)은 프레

게의 대답에 대해서 다시 더욱 근원적인 질문을 던졌다. '의미가 다르다'는 것은 무슨 뜻인가? 이렇게 질문을 던지고 나서 러셀은 곧 더욱 궁극적인 질문을 하지 않을 수 없었다. "'의미'란 무엇인가? 우리는 어떻게 '의미'를 가지는가?" 이러한 러셀의 질문, 즉 대답할 수 없을 것 같은 황당한 질문에 대한 대답은 뒤(2권)에서 다시 이야기하기로 하자. 지금은 단지 철학이 무엇인지, 그리고 철학이 무엇을 할 수 있는지를 살펴보기 위해서 예를 들어 이야기하는 중이다.

앞의 예를 통해서 우리는 다음과 같이 생각할 수 있다. 철학이란 어느 학문을 연구하면서 그 학문 자체에 대해서 던지는 아주 궁극적인 질문이며, 그래서 그 학문의 기초를 튼튼하게 하려는 의도에서 나왔다.

이제 이런 이야기를 듣고 누군가는 다시 궁금해하며, 다음과 같은 질문을 할 수 있다. 여러 과학에 대한 근원적 질문을 하려면 철학자가 과학을 알아야 하지 않을까? 그런 철학자는 철학자이기 이전에 과학자가 되어야 하지 않을까?

■ 과학의 원리

철학은 여러 학문을 통합적으로 설명할 원리를 찾는다. 그러므로 철학은 학문에 관한 학문이다.

철학자가 과학에 관해 궁극적 질문을 하려면 우선 과학부터 공부해야 하지 않겠냐고 누가 묻는다면, 그 대답은 "그렇다"이다. 어느 학문의 기초에 궁극적 질문을 하려면, 그 분야를 연구하는 사람이어야 하기 때문이다. 예를 들어, 수학에서 근본적 질문을 하려면 수학을 연구하는 학자이어야 하며, 물리학에서 기초적 질문을 하려면 물리학을 공부하는 학자이어야 한다. 마찬가지로, 생물학에서 기초적 질문을 하는 사람은 생물학을 공부하는 학자일 것이다. 그렇지 않은 사람이라면, 해당 분야에 관한 궁극적 질문을 하기 어려울 것이다.

사실 잘 알려진 서양 철학자 대부분은 특정 학문의 분야에서 당대의 최고 학자들이었다고 해도 그다지 틀린 말은 아니다. 앞서 예를 들었듯이, 이데아(Idea) 이론을 주창했던 플라톤은 피타고라스 기하학을 공부하고 가르쳤던 학자였다. 그의 제자 아리스토텔레스는 여러 학문을 구분하지 않고 연구하였지만, 그중에서도 특별히 생물학을 연구하면서 다음과 같은 궁극적 질문을 하였다. "계란에서 반드시 병아리가 탄생되어야 하는 까닭이 무엇인가? 계란에서 코끼리가 탄생할 수는 없는가?" 아마도 이러한 질문은 너무 바보 같은 질문이라고 생각될 수 있다. 그렇지만 사실 철학적 질문은 누구나 당연하다고 여기는 근원적 지식을 의심하는 태도에서 나온다.

또한 프랑스의 물리학자이며 철학자인 데카르트(René Descartes, 1596-1650)는 당시 최고의 수학자이다. 한국인 모두는 중학교 시절 '함수와 그래프'라는 단원을 배운다. 그러한 공부를 통해서 우리는 배웠다. 직선은 일차 함수로, 그리고 포물선은 이차 함수로 표현될 수 있다. 이렇게 기하학 '도형'이 '수식'으로 표현될 수 있는 것을 체계화한 학자가 바로 데카르트이다. 그리고 철학자 라이프니츠(G. W. F. Leibniz, 1646-1716) 역시 당시 최고의 수학자였는데, 고등학교 시절 수학 시간에 우리가 공부하는 '미분'과 '적분'이 바로

(뉴턴과 함께) 그가 창안한 계산법이다. 또한 철학자 칸트는 뉴턴 역학을 공부한 경험에서, 그 역학이 가능한 이유가 무엇인지에 관심을 가졌다.

앞서 이야기했던 프레게는 수학자였으며, 영국의 철학자 버트런드 러셀 또한 당대 최고의 수학자 중 한 사람이었다. 그들이 꿈꿔 온 것 중 하나는 우리가 사용하는 언어를 수식처럼 계산할 수 있는 구조로 이해하려는 방법이었다. 결국 러셀은 '술어논리(predicate logic)'라는 논리학 체계를 개발했다. 그 논리학 체계에 따라서 우리는 일상의 언어를 기호로 바꿔 표현할 수 있으며, 그럼으로써 우리의 사고 과정, 즉 추론 과정을 마치 수학처럼 엄밀히 계산할 수 있게 되었다. 그러한 기호논리는 나중에 현대 컴퓨터 프로그램을 짜는 논리적 기초로 활용되었다.

러셀의 제자인 철학자 비트겐슈타인(Ludwig Wittgenstein, 1889-1951)은 처음 항공학을 공부했던 사람이었지만, 러셀에게서 수학과 철학을 공부하면서 우리가 사용하는 말을 계산할 새로운 기호논리를 개발했는데, 그것이 바로 한국의 고등학교 수학 시간에 배우는 '명제논리(propositional logic)'이다. 그 논리체계는 현대 컴퓨터 계산의 논리적 기초 원리로 활용되었다. 우리의 '언어를 계산한다'는 것은 우리의 '생각을 계산하는' 것이며, 그것을 구현한 기계가 바로 컴퓨터이다.

그리고 현대 미국 철학자 토머스 쿤(Tomas S. Kuhn, 1922-1996)은 하버드의 물리학 박사였으며, 『과학혁명의 구조(The Structure of Scientific Revolution)』(1962)라는 과학철학 저서에서 '패러다임 전환(paradigm shift)'을 이야기하였다. 그는 과학의 역사를 연구하여 과학이 어떤 방식으로 발전하는지 궁금해하였다. 그러한 그의 탐구는 과학을 공부하지 않고서는 할 수 없었던 시도이다.

지금까지 이야기한 것만으로도 서양 철학자들이 전문 과학 지식을 가지고 있었음을 알 수 있다. 그러한 철학자들은 철학을 공부하기 이전 수학이나 물리학과 같은 학문을 연구하면서 궁금한 의문들이 생겨났고, 그 문제를 해결하기 위해 철학을 탐구하였다. 그 결과 그들은 자신의 학문에 관해 당시 누구도 생각하지 못했던 독창적인 아이디어를 얻어낼 수 있었다. 그것이 가능했던 이유는 자신의 학문에 대해 궁극적 질문을 했기 때문이다. 그리고 그러한 질문이 바로 새로운 아이디어를 발견하도록 촉발하였다. 위에서 열거한 철학자들이 어떤 궁극적 질문을 하였으며, 그 질문을 통해서 구체적으로 어떤 철학적 사고를 발전시켰는지를 이 책 전체 4권에서 살펴볼 것이다. 나아가서 철학의 궁극적 질문인 비판적 사고가 어떻게 창의적 사고로 연결될 수 있는지를 설명하는 뇌신경학적 이야기는 4권에서 제시된다.

물론 철학자들이 여러 과학을 공부한 경험이 없으면서도 철학처럼 보이는 궁극적 질문을 하는 경우가 있기는 하다. 예를 들어, 아래와 같은 질문을 던지고 그 대답을 찾았던 철학자도 있다. 인생이란 무엇인가? 행복이란 무엇인가? 천당은 있을까? 천국은 어떤 세상인가? 이와 같은 질문에 대답하기 위해서라면 과학을 전문적으로 공부해야 할 필요는 없어 보인다. 사람마다 그저 상식적인 가정으로 다양한 의견을 내놓을 수 있다. 그러므로 이러한 질문에 대해 철학자가 무언가 더 아는 것이 있으므로 훨씬 더 좋은 새로운 대답을 내놓을 것이라 기대하기란 어렵다. 그런 측면에서 이러한 질문은 전통 철학의 핵심 문제라고 인정하기는 어렵다. (앞서 언급했던 수학자이며 철학자인 버트런드 러셀은 『행복의 정복(*The Conquest of Happiness)*』이란 책을 저술하기도 하였다. 그러나 나는 이것을 철학과에서 필수로 배워야 할 부분으로 보지 않으며, 그렇게 하는 철학 교수를 본 적도 없다.)

물론 우리는 살아가면서 어떤 어려운 일을 만날 수 있고, 그래서 고심하기도 한다. 그러다 보면 인생이란 무엇인지 스스로 질문하고 나름대로 대답을 찾아보는 경우가 있기는 하다. 그리고 누군가는 조금 더 철학적으로 대답할 수는 있을 것이다. 그렇지만 그런 질문은 그저 상식적이고 일반적인 상황에서 한 것이지, 철학자의 학문적 질문은 아니며, 따라서 그 대답도 철학자만이 우월하게 내릴 수 있다고 인정되기 어렵다.

여기까지 이야기를 듣고 누군가는 다음과 같은 생각과 질문을 떠올릴 수도 있다. 철학적 질문을 하려면 과학을 공부해야 한다는 것을 인정하자. 그렇다고 과학을 공부한 사람이 아니면 철학을 할 수 없다는 것인가? 사실 과학과 철학은 전혀 다른 분야의 학문으로 인정되고 있다. 대학에서도 과학은 이과에서 공부하는 분야이고, 철학은 문과에서 공부하는 분야이다. 그런 것을 보면 과학과 철학은 완전히 다른 학문이 아니었던가?

위의 질문에 대답하기에 앞서 다음 예를 살펴볼 필요가 있다. 칸트는 젊은 시절 뉴턴 물리학을 공부했다. 칸트는 뉴턴 물리학을 공부하고 그 물리학에 대해 어떤 철학적 질문을 했을까? 칸트가 저서 『순수이성비판(*The Critique of Pure Reason, Kritik der reinen Vernunft*)』(1781, 1787)에서 대답하려 했던 것은 "어떻게 선험적(선천적) 종합판단이 가능한가?"라는 의문이었다. 칸트가 뉴턴 물리학을 공부하면서 어떤 생각을 했을지 쉽게 이해할 수 있도록 다음과 같이 그의 생각을 간략히 꾸며 말해보자.

칸트가 말하는 선험적 종합판단의 의미란, 우리가 단지 '이성적 사고만으로(선험적으로)' '틀림없이 참인(필연적 참인)' '새로운(종합적인)' 지식을 얻을 수 있다는 의미이다. 우리가 그러한 지식을 어떻게 가질 수 있는가? 물론 계산하면 알 수 있다. 그렇다. 우리는 계산만으로도 틀림없는 지식을 알 수 있다. 그런데 이러한 이야기에 대해서 분명 다음과 같이 질문하는 사람도 있을 것이다. 뉴턴 물리학으로 계산한 지식이 언제나 틀림없는 지식인가? 그렇지 않을 것 같기도 하다. 아무리 계산을 잘해도, 실제 실험을 해보면 약간씩 틀린 결과가 나오기도 하지 않는가?

칸트를 공부한 철학자라면 미소를 지으며 다음과 같이 반문할 것이다. 뉴턴 물리학으로 계산한 것을 실험으로 확인해서 실제와 일치하지 않으면 뉴턴 물리학의 계산이 틀린 것인가? 이런 질문에 대답하기 위해 예를 들어보자. 만약 피사의 사탑에서 주먹 크기의 돌과 그만한 솜뭉치, 그리고 시험지 한 장을 떨어뜨리면 어느 것이 가장 먼저 바닥에 닿을까? 당연히 돌이 빠르게 떨어지고, 시험지가 가장 늦게 떨어질 것이다. 그런데 뉴턴 물리학의 계산으로는 모두 동시에 떨어진다고 계산된다. 그렇다면 무엇에 문제가 있는 것일까? 바로 공기의 마찰이 원인이다. 그렇다면 공기가 없는 진공 속에서 세 물건을 동시에 떨어뜨리면 어떻게 될까? 당연히 세 물체는 동시에 떨어질 것이다. 무엇이 문제인지 생각해보자. 뉴턴 물리학의 계산이 잘못인가, 아니면 실험에 문제가 있었는가? 이제 그 문제는 실험이 '이상 조건', 즉 '완벽한 실험 조건'에서 이루어지지 않았기 때문이라는 것을 알게 된다. 그렇다면 실험보다는 이성적인 계산이 진리를 알려줄 수 있다고 칸트는 말할 것이다. 다시 말해서 우리는 '사고만으로 틀릴 수 없는 새로운 지식'을 얻을 수 있다고 주장될 수 있다. 그런 주장이 바로 칸트가 말하는 '선험적(선천적) 종합판단'이다. 칸트는 그와 같은 생각을 하고서 다음과 같은 의문도 가졌다. 우리 인간은 어떤 지적 역량을 가져서 그러한 지식을 새롭게 습득할 수 있는가? 칸트는 그런 인간의 이성적 능력을 검토해보았고, 그 탐구 결과물이 바로 '순수이성에 대한 비판적 검토(critical thinking)'라는 의미로 『순수이성비판』이다. 그러므로 나는 이렇게 다시 반문할 수 있다. 뉴턴 물리학을 공부하지 않고서도 칸트가 그러한 철학적 사고를 할 수 있었을까? 이제까지 이야기를 듣고도 철학자가 과학을 공부하지 않고 철학을 할 수 있다고 생각하는가? 지금 칸트를 이해하고자 하는 초보 철학자가 뉴턴을 이해하지 못한다면, 칸트의 철학을 잘 이해할 수 있을까?

이러한 생각을 지지하는 근거를 고대의 철학자 아리스토텔레스의 말에서도 찾아볼 수 있다. 아리스토텔레스는 "철학은 최초의 학문이요, 최후의 학문이다."라고 말했다. 철학에 대해 '최초의 학문'이라고 말한 것은, 철학이 다른 학문의 궁극적인 질문, 즉 기초적 혹은 근본적 질문을 하며, 그 질문의 대답을 찾는다는 의미이다. 한마디로 철학은 다른 학문의 기초 학문이다. 그리고 '최후의 학문'이라고 말한 것은, 철학이 다른 학문을 연구하고 나서 그 학문에 궁극적 질문을 던지며, 따라서 가장 나중에 하는 학문이라는 의미이다.

이렇게 철학이 과학을 탐구한 이후에 연구하는 학문임을 철학의 다른 이름 '메타피직스(Metaphysics)'라는 말의 어원에서도 알아볼 수 있다. '메타피직스'는 그리스어 '자연학 뒤에(meta ta physika)'라는 말에서 유래되었다. 아리스토텔레스는 '기상', '동식물', '천문', '심리' 등을 다루는 분야를 '자연학(physika)'으로 분류하였다.

아리스토텔레스의 여러 저작을 정리하던 훗날의 학자 안드로니코스(Andronicus, 1세기)는 아리스토텔레스의 철학 저서의 표지에 '자연학 뒤에 놓을 것(tà metà tà physikà)'이라고 표기하였다. 그 후로 사람들은 철학을 '메타피직스(Metaphysics)'라고 부르게 되었다.

그렇게 탄생한 '메타피직스'란 말은 동양에서는 주역에 나오는 '형이상학'이란 말로 (일본인 철학자에 의해서) 번역되었다. 주역에서는 '눈에 보이는 현상들을 탐구하는 영역'을 '형이하학(形而下學)'이라 칭하며, '현상 너머의 근본원리를 탐구하는 영역'을 '형이상학(形而上學)'이라 칭한다. 그러한 측면에서, 자연과학은 눈에 보이는 현상적인 것을 주로 관찰에 의존하여 탐구하므로 '형이하학'이라 칭할 수 있으며, 눈에 보이는 것을 넘어 세계의 원리를 탐구하는 철학인 메타피직스를 '형이상학'이라고 칭할 수 있다.

철학이 과학을 공부하고 나서 탐구할 수밖에 없는 이유를, 철학자들 스스로 붙여온 다른 명칭, '제1철학'에서도 살펴볼 수 있다. 영국의 법률가이자 과학자이며 철학자인 프랜시스 베이컨(Francis Bacon, 1561-1626)은 "아는 것이 곧 힘이다."라는 말을 남겼던 인물이다. 그는 철학을 '제1철학(the first philosophy)'이라 불렀다. 그것은 앞에서 말한 아리스토텔레스와 비슷한 이유에서이다. (아리스토텔레스 역시 철학을 제1철학이라 불렀다.) 과학은 저마다의 특정 분야에 대한 원리를 알아내려 한다. 그렇지만 철학은 어느 특정 분야에 국한하지 않고 세계의 보편 원리를 알아내려 한다. 그런 측면에서 철학은 여러 학문이 연구한 원리들에 대한 더 높은 수준의 원리를 탐구한다고 말할 수 있다. 그런 시각에서 보면 철학은 여러 학문 중 '가장 근원적 원리를 밝히려는 학문'이라는 뜻에서, '가장 위에 있는 학문', 즉 '1등 학문'이라고 칭했을 법하다. 이런 주장은 현대에 받아들여지기 어려운데, 그 이유는 3권에서 다뤄진다.

여기까지의 이야기를 통해서 서양의 철학, 즉 형이상학이 '과학을 공부하고 나서 과학을 더욱 깊이 연구하는 학문'이란 의미에서 나온 것임을 알 수 있다. 그렇다면 우리는 철학에 대해 '과학의 학문' 혹은 '학문의 학문(science of science)'이라고 말할 수 있다. 그러므로 누구라도 만약 훌륭한 과학자가 되려 한다면, 필수로 공부해야 할 것이 바로 철학이다. 반대로, 철학 이외의 어떤 분야라도 공부한 경험이 없는 사람이 철학을 탐구할 필요성을 느끼지 못할 것이라 말할 수 있다. 또한 그 의미를 조금 확대 해석하자면, 철학은 과학을 공부하지 않고는 연구하기 어려운 학문이라고 보아도 좋을 듯싶다. 이런 생각에 대해서도 우리는 쉽게 동의하기보다 다시 의심해볼 필요는 있다. 새로운 생각으로 들어가는 문은 언제나 당연한 것조차 의심해보는 사람에게 열린다. 그래도 철학이 뭘 할 수 있겠어?

■ 비판적 질문

철학은 여러 학문에 대한 비판적 질문에서 시작되었다.

지금까지 이야기를 다시 정리해보자. 전통적으로 서양 철학자들은 어떤 개별 학문 또는 개별 과학을 연구하면서 그 분야에 근원적 질문을 했으며, 그 질문에 대답하는 과정에서 자신들이 연구해온 학문을 새롭게 이해할 수 있었다. 그리고 그 새로운 이해를 통해 새로운 과학이 탄생할 수 있는 기초가 마련되기도 했다.

예를 들어, 플라톤은 기하학을 공부하고 가르치면서 우리가 기하학을 연구할 수 있는 가능성이 무엇인지 물었다. 그 결과 그가 알아낸 것은, 앞서 이야기했듯이, 우리가 '완전한 원'에 대한 개념적 지식을 가지며, 그 개념을 통해 여러 사물에서 어떤 것이 둥근지를 알아볼 수 있다는 것이다. 그런 관점에서, 우리가 글자 '나'를 알아보는 것도, 이미 '나'라는 개념을 가지기 때문이다. 그런데 개념적 지식을 우리가 어떻게 가질 수 있는가?

우리 인류는 최근까지 위의 질문에 아직 대답하지 못하고 있었다. 그런 측면에서 우리는 지금도 플라톤의 질문에 주목할 필요가 있다. 요즘 컴퓨터 연구자는 인공지능을 더욱 발전시켜 사람처럼 일상적인 글씨를 읽고 그 내용을 알 수 있거나, 사람이 하는 말을 알아들을 수 있게 만들고 싶어 한다. 그러자면 인공지능이 우리와 같이 개념을 가져야 한다. 그런데 문제는 최근까지 아직 '개념'이 무엇인지 명확히 알지 못해왔다. 그런 어려움으로 그동안 인공지능이 우리가 쉽게 할 수 있는 것들을 잘하지 못해왔다. 인공지능 연구를 위해서 우리는 여전히 '안다는 것이 무엇인지' 철학적 질문에 대답해야 한다. 지금 인공지능이 부분적으로 인간의 지능을 넘어서는 능력을 보여주는 것은 이제 비로소 개념이 무엇인지 뇌과학과 인공지능 연구를 통해서 밝혀내는 중이기 때문이다. (이런 이야기를 4권 20장, 21장에서 다룬다.)

지금까지 이야기로부터 철학을 이렇게 규정해볼 수 있다. 철학은 누구나 당연하다고 생각하는 것에 질문한다. 한마디로 철학은 '질문하기'이다. 칸트의 말에 따르면, 철학 외의 학문을 연구하는 사람은 '일상적 태도' 혹은 '자연적 태도'를 갖지만, 철학자는 '반성적 태도' 혹은 '비판적 태도'를 갖는다.

그렇다면 비판적 사고란 구체적으로 무엇을 말하는가? 간략히 이야기해보자면, 비판적 사고를 두 가지로 구분해볼 수 있다. 첫째는 '논증의 내적 일관성을 질문하기'이다. 우리는 자신의 주장을 내세우기 위해서 논리적으로 증명하는 추론을 보여준다. 그런데 그러한 주장이 정말로 자신의 근거 또는 전제로부터 추론될 수 있는지, 추론의 논리적 정당성을 의심하고 검토해볼 수 있다. 한마디로 어떤 증명에 대한 논리적 일관성을 따져보는 것이다. 나는 이것을 '비판적 사고 1'이라 부르겠다. 둘째는, 논증 혹은 주장의 외적 물음으로, 어떤 논증이 가정하는 '기초 개념 혹은 원리 자체를 의심해보기'이다. 나는 이것을 '비판적 사고 2'라 부르겠다. 비판적 사고 2가 무엇인지를 더욱 구체적으로 알아보려면 이 책 전체를 읽어보면 된다. 이 책은 철학사의 중요한 비판적 질문으로 무엇이 있었으며, 어떤 이유에서 그런 질문이 나올 수 있었는지를 보여주기 때문이다. 지금은 두 비판적 사고의 차이를 앞서 들었던 예를 통해 알아보자.

앞서 말했듯이, 프레게가 "A = B가 어떻게 가능한가?"라고 질문했던 이유는 이렇다. A와 B가 명확히 다르다는 가정에서 우리가 그것들을 구분하여 표현하고서는, 그 둘이 서로 같다는 의미에서 '='로 표현한다. 이러한 시각에서 보면, 'A = B'를 주장 혹은 단언한다는 것 자체가 논리적 일관성을 잃는 것처럼 보일 수 있다. 즉, 그 표식 자체가 모순처럼 보인다. 이러한 의문은 논리적 합리성을 묻는다는 점에서 비판적 사고 1의 물음이다.

다른 한편, 우리는 'A = B'를 기호 사용에 일상적으로 의심하지 않으며, 아주 당연하다고 가정한다. 이런 가정을 논리적으로 분석하지 않더라도, 과연 그 가정 자체가 옳은지를 물을 수 있다. 그것이 비판적 사고 2에 해당한다. 그런 의문에 대답으로 프레게는, A와 B라는 두 표식이 각기 다른 의미를 갖지만, 동일 대상을 가리키는 경우 그 둘을 같다고 말할 수 있다고 보았다. 그러나 러셀은 그의 주장에 다시 비판적 사고 2를 보여주었다. 우리는 일상적으로 언어적 혹은 기호적 표식마다 '의미'가 있다고 가정한다. 그런데 러셀은 그런 가정을 다시 물었다. '의미'란 무엇인가? 그리고 의미는 어디에서 오는가? 이러한 러셀의 의문 이후, 후대 학자들은 '말'과 '대상', 그리고 '의미'에 대해서 새롭게 생각할 기회를 가질 수 있었다. 물론 러셀은 자신의 의문을 논리적으로 분석하였다. 다시 말해서 동시에 비판적 사고 1도 수행하였다. (그 구체적 이야기를 2권과 3권에서 다룬다.)

이렇게 철학은 비판적 질문을 통해 근원적 대답을 얻어내려는 노력이라고 말할 수 있다. 그러므로 사실상 어떤 문제에 대한 "대답은 이미 그 물음 속에 있다."고 러셀이 말할 만하다. 중요한 것은 '어떻게 묻느냐'이다. 창의적 사고를 위해서 비판적 사고 혹은 비판적 질문을 할 줄 알아야 한다. 그리고 이 책은 지금까지 중요하게 주목받아왔던 여러 철학자의 비판적 사고를 보여준다. 우리는 과거의 철학자에게서 어떻게 비판적으로 사고할 수 있는지를, 다시 말해서 어떤 주제에 대해서 무엇을 어떻게 물어야 하는지를 배울 필요가 있다.

여기까지 이야기를 듣고 누군가는 더 나아간 질문을 할 수 있다. 그렇다면, 과학자도 과학을 연구하면서 근원적 질문을 한다면, 철학을 탐구하는 것인가? 그리고 그런 학자는 과학자이면서 동시에 철학자라고 불러도 되는가? 대답부터 하자면 "그렇다"이다. 그런 학자는 과학자이면서 동시에 철학자이다. 그리고 자신이 연구하는 학문에 근원적 질문을 할 줄 아는 철학적인 과학자는 그렇지 못한 과학자보다 더욱 학자다운 자세를 가진다고 할 만하다. 그러한 과학자는 적어도 자신이 무엇을 왜 연구하는지, 그리고 어떻게 연구하는지를 명확히 인식하거나, 적어도 인식하고 싶어 하기 때문이다.

■ 원리를 알면

철학은 '어떻게 해야 할지'를 알려준다.

앞의 이야기를 정리해보면, 철학자는 여타 학문에 근원적 질문을 하고, 그 대답을 찾으려 한다. 그리고 그런 질문은, 대부분 사람이 혹은 그 분야의 사람이 아주 당연하게 여기는 것조차 의심하여 나온 것이다. 그렇다면 철학자가 그러한 의심을 통해서 얻은 대답은 어떤 것이겠는가? 아마도 그런 대답은 세계의 근본원리와 관련된 지식일 것이다. 무엇의 가장 근본이 되는 원리를 '본질적' 지식이라고 말할 수 있다. 그렇다면 누군가는 이제 다음 질문을 하지 않을 수 없다. 만약 우리가 세상을 본질적으로 이해한다면, 즉 기초적 혹은 근원적 이해를 한다면, 우리는 어떤 능력을 발휘할 수 있을까? (여기서 '본질적인 것'이 무엇인지에 대해서는 철학자들 사이에 논란이 되는 부분이다. 그 주제와 관련한 이야기는 2권과 3권에서 다뤄진다.)

예를 들어, 자동차의 원리를 잘 안다면 어떤 능력을 가질까? 당연히 자동차를 잘 사용할 줄도 알 것이고, 고장이 나면 잘 고칠 줄도 알 것이다. 그리고 만약 사회를 본질적으로 이해한다면 당연히 사회를 어떻게 이끌어가야 할지를 알 수 있다. 그리고 과학 자체를 본질적으로 이해한다면 과학을 어떻게 연구해야 할 것인지도 알 수 있다. 그렇지만 철학자가 사회를 어떻게 이끌어야 하는지, 혹은 과학을 어떻게 연구해야 하는지 밝혀낸 것이 있기라도 한가?

이러한 의문과 관련하여 이번에는 영국의 철학자 존 로크(John Locke, 1632-1704)를 예로 들어보자. 로크는 철학자이기에 앞서 기본적으로 법률가이면서 의사이기도 했다. 그리고 그는 기체역학을 공부하던 로버트 보일(Robert Boil, 1627-1691)의 논문을 읽게 되었다. 그 논문에서 보일은, 밀폐된 용기에 담긴 기체 압력은 온도에 비례한다고 설명하였는데, 기체가 압력을 갖는다는 것은 용기 안에 들어 있는 기체의 미립자가 밀폐된 용기의 벽에 충돌하기 때문이라고 가정하였다. 기체의 압력에 대한 이러한 설명을 우리는 초등학교나 중학교 과학 수업에서 배운다. 보일을 공부하고 로크는『통치론』(1690)에서 아래와 같이 생각했다.

물질적 실체의 진정한 본질은 그것을 구성하는 미립자들 속에 동시에 존재하는 제1성질이다. 만약 이러한 것이 알려진다면, 어떠한 관찰 가능한 성질이 필연적으로 공존하는지를 연역하기가 가능해진다. 불행하게도 그 내적 본성은 알려질 수 없다. 왜냐하면 미립자들의 제1성질을 알기는 물리적으로 불가능하기 때문이다. 그러므로 우리는 본질적으로 관찰을 통해 무엇이든 파악해야 하는 한 그 성질들을 연역할 수 없고, 따라서 물리적 사물들의 성질들을 안다고 주장할 수 없다.

로크의 주장을 쉽게 이해하자면, 우리가 아주 작은 미립자들을 완벽히 알기는 불가능해 보이며, 따라서 그것들로 구성된 세계를 온전히 알 수 있다고 주장할 수 없다.

이렇게 로크는 우리가 세계를 완벽히 알 수 없다는 것을 깨우치고서 다음과 같이 생각했다. 근본적으로 인간은 완전한 지식을 갖지 못하며, 그 점에 있어 한 국가의 통치자 역시 인간인 한에서 마찬가지다. 이 사회에 사는 사람 중 누구도 참인 지식을 가졌다고 확신할 수 없다면, 이 사회를 어떻게 이끌어가야 할지를 누구에게 물어보아야 하는가? 어떤 개인에게서도 그 대답을 기대할 수는 없다. 결국 여러 사람의 의견을 들어보고서 그중 가장 좋은 생각을 선택하는 것 이외에 달리 방법이 없다. 그렇다면 여러 사람이 각자 자신들의 의견을 자유롭게 말할 기회가 주어지는 것은 지혜로운 생각을 얻기 위해서 대단히 중요하며, 따라서 여러 의견을 모을 방법을 마련해야 한다. 그는 이러한 배경에서 (민주적) 의회를 만들어야 한다고 결론을 내린다.

그렇게 철학자 로크는 사회를 이끌어가야 할 방향을 나름 제시했다. 그는 과학을 공부하면서 우리 지식의 '근본적 특징'을 생각해보았고, 그 특징을 고려해볼 때 사회를 어떻게 이끌어가야 하는지를 생각해보았다.

지금까지 이야기가 과학 분야에서도 통용될까? 만약 우리가 과학의 근원적 원리를 이해한다면 과학을 어떻게 연구해야 하는지도 잘 알 수 있을까? 우리는 앞에서 뉴턴에 관해 조금 이야기했다. 뉴턴은 그의 주요 저서 『자연철학의 수학적 원리(*The Mathematical Principles of Natural Philosophy*)』(1687)에서 학문의 체계(구조)가 어떻게 이루어져야 하는지를 보여주려 하였다. 그 책에서 뉴턴이 설명하려는 학문의 구조는 '유클리드 기하학'과 같은 체계이다. 그는 데카르트를 공부하면서 나름 완벽한 학문의 체계를 알게 되었으며, 과학의 어느 분야의 연구자라도 따라야 할 방향 및 방법으로 자신의 체계를 보여주었다. (그 체계가 무엇인지는 2권 8장에서 설명된다. 그리고 그 체계에 대한 문제점은 3권 15장에서 다룬다) 뉴턴과 같이 과학의 '근본적 이해' 즉 '철학적 사고'를 가지게 되면, 그 사고로부터 '과학을 어떻게 연구해야 하는지'를 생각할 수 있다. 이런 관점에서 철학을 바라보면, 철학은 참으로 쓸모가 많은 학문이다. 근본적으로 필요하지 않은 학문은 없다. 특히 여러 학문 중에서도 철학은 학문의 원리를 연구하며, 따라서 여러 분야에서 꼭 필요한 지혜를 알려준다.

■ 시대마다 바뀌는 의문

철학의 중심 주제는 시대마다 변해왔으며, 철학은 발전하는 학문이다.

지금까지 다른 학문과 비교하여 일반적으로 철학을 무엇이라 규정할 수 있을지를 《철학 대사전》의 내용을 중심으로 이야기했다. 그런데 만약 어느 정도 서양 철학을 공부한 사람이 이런 이야기를 듣게 된다면, 아래와 같이 반문할 수 있다. "그렇게 편협한 시각에서 철학을 말해도 되는가? 내가 아는 철학은 그렇지 않은 점도 있고, 나는 그와 다른 철학을 하고 있다." 나는 이와 같은 의문과 주장을 긍정적으로 바라보아야 할 이유가 있다고 본다. 이 책에서 지금까지 이야기한 철학에 관한 규정은 일반적 이야기일 뿐이며, 세부적으로 다르게 규정될 수 있기 때문이다. 또한 앞에서 명확히 밝혔듯이, 지금까지 이야기한 모든 내용을 나 자신도 온전히 동의하여 이야기한 것은 아니다.

더구나 다른 학문의 기초를 묻는 비판적 태도가 철학 자체의 기초에 대해서도 일관된 태도로 유지되어야 한다. 어느 철학자라도 자신이 연구하는 분야의 기초를 의심할 수 있어야 한다. 철학의 연구 내용이나 연구 방법이 옳은지 의문할 수 있으며, 심지어 그것을 연구할 만한 가치가 있는지도 의심할 수 있어야 한다. 그런 까닭에 철학자마다 철학의 연구 목적과 방법을 바꿀 수 있으며, 각자의 철학에서 서로 다른 태도를 가질 수 있다. 특히 어떤 배경을 가지는지에 따라서, 철학자들은 저마다 다른 철학적 입장에 설 수 있다.

이런 이야기를 들으면서 혹시 누군가는 다음과 같은 세련된 질문을 할 수도 있다. 다른 학문은 역사적으로 발전해왔다. 그렇다면 철학도 역사적으로 발전했는가? 옳은 지적이다. 만약 철학이 학문으로 발전해왔다면, 분명히 철학은 그 연구 방향에서도 변화가 있었을 것이다. 과학이 역사적으로 발전 혹은 변화해왔다면, 그 과학의 기초에 관하여 질문해야 하는 철학적 의문 또한 변화해왔다. 어떻게 변화해왔는지는 4권 전체에서 보여줄 것이지만, 여기에서 간단히 이야기할 필요는 있겠다.

* * *

우선 고대 철학자들이 어떤 문제에 관심을 가졌는지 알아보려면, 그들이 궁금해했던 문제가 무엇이었는지 살펴볼 필요가 있다. 고대 철학자들의 질문을 아래와 같이 간단히 말할 수 있다. 이 세계는 어떻게 생겨난 것일까? 그리고 이 세계는 근원적으로 어떤 물질로부터 생겨난 것일까? 또한 이 세계는 어떤 원리에 따라서 현재의 모습으로 있게 된 것일까? 서양의 고대 철학자들이 가졌던 위와 같은 질문들을 한마디로 말할 수 있을까? 철학자들은 다음과 같이 어려운 말로 말한다. 서양의 고대 철학자들은 '존재 일반'의 근원에 관심을 가졌다. 이 말을 쉽게 풀어서 말하자면, 서양의 고대 철학자들은 세계에 있는 모든 것들이 어떤 것들로부터 생겨난 것인지, 혹은 그 탄생 원리가 무엇인지에 관심을 가졌다. 다시 말해서, 세계에 있는 사물들 각각에 관심을 가진 것이 아니라, 모든 사물 '전체'에 관심을 가지고, 그것들을 설명할 보편 원리를 찾고 싶어 했다는 뜻이다. 예를 들어, 지질학자들은 암석들이 만들어진 원리를 찾을 것이고, 생물학자들은 생물들이 어떻게 살아가는지 원리를 찾으려 할 것이며, 기상학자들은 날씨가 어떻게 변화하는지 원리를 알아내려 한다. 그렇지만 고대의 철학자들은 그 모든 것들이 왜 그러했는지 원리를 찾으려 했다. 암석들과 생물들 그리고 기상 변화 등등의 모든 것들에 대해서 설명할 수 있는 궁극적 원리가 무엇인지 궁금해 했다.

그런데 그런 엄청난 설명 원리가 있기는 한 것일까? 그리고 철학이 그런 설명을 내놓은 적이 있었는가? 고대의 철학자들이 어떠한 탐구를 했는지는 앞으로 차츰 알아볼 것이다.

* * *

근대 이후 철학자들은 어떤 문제에 관심을 가졌는가? 잘 알다시피 그 시기에 서양에서는 여러 분야의 과학이 많이 발전하였다. 천문학과 물리학 분야에 코페르니쿠스와 갈릴레이 등이 있었고, 각종 분야의 과학에서 연구 성과들이 있었다. 그러므로 과학을 공부한 철학자들은 그런 과학 지식이 얼마나 훌륭한 것이며, 왜 훌륭한 것인지 자연스럽게 관심을 가졌다. 그러한 과학은 인간이 탐구한 성과이기에, 그들은 과학이 발전 가능한 이유로 '인간에게 어떤 능력이 있어서'인지를 궁금해했다.

조금 더 구체적으로 말하자면, 데카르트와 칸트가 살던 시대에 철학자들이 특별히 관심 가졌던 의문은 '인간이 세계를 어떻게 바라보는지', 즉 '인간의 인식 구조와 기원'에 관한 것이다. 그리고 그들은 '우리가 세계에 대해서 아는 지식을 어떤 종류로 구분할 수 있는지', 그리고 '그 구분된 종류의 지식 각각에 어떤 특징이 있는지'를 알고 싶어 했다. 그뿐만 아니라, 그들은 '자연을 어떻게 탐구할 수 있으며, 어떤 체계로 설명해야 할지' 등에 대해서도 궁금해했다. 그렇게 해서 그들은 '참다운 과학 지식이 어떤 특징을 갖는지' 알아내려 했으며, 나아가서 '과학 지식을 얻기 위해서 우리가 어떻게 학문을 연구해야 하는지'도 알아내려 했다.

또한 그들은 '우리가 알 수 있는 지식의 범위 혹은 한계가 무엇인지', 즉 '우리가 어디까지 알 수 있으며 어디까지는 알 수 없는지'도 궁금해했다. 만약 그런 것들을 밝혀내기만 한다면, 우리는 어떤 사람의 주장이 우리 앎의 한계를 넘어서는 것인지 아닌지를 판정할 수 있다. 그리고 그 판정에 따라서 어떤 학자의 주장이 사실은 헛된 말에 불과하다고 평가할 수도 있다. 그와 같이 지식 자체에 관해 탐구하는 철학의 분야를 '인식론(Epistemology)' 혹은 '지식론(Theory of Knowledge)'이라 부른다. 그리고 학문의 연구 방법에 관한 연구는 '논리학(Logic)'의 주제에 포함된다.

근대의 철학자들은, 세계가 그러그러하게 보이는 것은 우리가 세계를 그러하게 바라보기 때문이라고 생각하기 시작했다. 그래서 그들은 세계의 근본원리를 밝히려면 인간이 세계를 바라보는 원리를 찾아보아야 한다고 생각한 것이다. 그리고 로크의 경우에서처럼, 만약 우리가 지식의 근원적 성질을 알아낼 수 있다면, 그것으로부터 우리가 살아가는 사회를 어떻게 이끌어가야 할지 말하고 싶어 할 것이다. 이러한 측면에서 그들은 '인식론'이 철학의 기초라고 생각하는 경향이 있었다.

현대 철학자들의 주요 관심사는 '언어'이다. 당시 일부 철학자들의 생각에 따르면, 세계에 대해 우리가 무엇을 아는지를 연구하는 일은 사실 우리가 사용하는 언어를 잘 살펴보는 것에서 시작되어야 한다. 또한 엉터리 생각이나 주장을 올바른 생각이나 주장으로부터 구별하기 위해서도 우리가 언어를 잘못 사용하고 있는 것은 아닌지 살펴보아야 한다.

나아가서 수학을 연구한 일부 철학자들은 우리말을 수학의 함수처럼 계산할 수 있을지를 연구했다. 만약 우리가 사용하는 언어를 수식처럼 정확하게 계산할 수 있는 방법이 마련된다면, 우리는 언어를 정확하게 사용할 수 있을 것이며, 그렇게만 된다면 허튼소리와 참된 이야기를 구분할 기준도 마련될 것이다. 물론 철학을 공부하지 않은 사람이라면 이러한 관점에 대해서 아래와 같은 질문을 할 수 있다. "우리가 사용하는 말을 어떻게 수학처럼 계산할 수 있겠어?" "도대체 말을 계산한다는 주장이 될 법한 이야기이기나 할까?"

뒤에서 살펴보겠지만, 우리가 사용하는 말을 수식처럼 기호로 바꾸기만 하면 그런 일이 가능하다는 생각이 나타났으며, 그러한 생각에서 기호논리학이 고안되었다. 만약 우리가 일상 언어를 기호논리로 바꿔서 계산할 수 있다면, 그러한 방식으로 언어 속에 담긴 생각을 계산할 수 있다. 그러므로 기호논리는 우리의 사고 추론을 계산할 방법으로 제시되었다. 그러한 방법을 적용하여 탄생한 것이 바로 현대 컴퓨터이다. 사실 컴퓨터는 '언어를 계산하는 장치'라는 점에서 언어 속에 담긴 '생각 계산 장치'인 셈이다. 이러한 개략적 설명만으로도 우리는 말과 생각을 계산한다는 것이 어떤 의미인지를 이해할 수 있다. (이러한 이야기를 2권 11장과 4권 18장에서 다룬다.)

위와 같은 생각은 언어가 사실을 기록하는 기능을 갖는다는 전제에서 나왔다. 그렇지만 우리가 사용하는 언어에 다른 기능이 있다고 생각한 철학자도 있었다. 그들의 관점에 따르면, 언어는 단지 어떤 '사실'이나 '생각'을 남에게 '표현(기술, description)'하는 기능만을 갖는 것이 아니라, 때로는 '행동'을 보여주기도 한다. 역시 이러한 이야기에도 다음과 같은 의문이 제기될 수 있다. "어떻게 '언어'가 '행동'을 한다는 것인가?" 그런 질문에 대해서 영국의 오스틴(John Langshaw Austin, 1911-1960)과 같은 '일상 언어 학파' 철학자들은 "어느 정도 그렇다"라고 대답한다.[4]

예를 들어, 만약 어느 부모가 아이를 탄생시키고 나서 출생 신고를 하려고 주민 센터에 가는 경우를 가정해보자. 그러면 그곳의 직원이 쪽지를 내밀고 새로 태어난 아기의 이름을 적어보라고 할 것이다. 그런데 만약 부모님 손이 불편하여 그 쪽지에 글씨를 쓸 수 없다면, 그 직원에게 이름을 말하면서 대신 적어달라고 부탁할 수도 있다. 그런 경우 "내 아기의 이름은 '홍길동'입니다."라고 말할 것이다. 그렇게 '말하는' 순간 그 부모는 탄생된 아기의 이름을 공식적으로 '공표하는' 것이다. 그것은 단지 아무개의 이름을 사실대로 '표현하는' 기능과는 다르다. 주민 센터의 장부에 '등록하는' 행동과 같기 때문이다. 또한 만약 법원에서 재판관이 "피고는 벌금 100만 원을 내야 한다."라고 선고한다면, 그 순간 피고에 대해 벌금을 내라는 형이 '집행되는' 것이며, 그 상황에서 재판관의 선고는 단지 '사실을 표현하는' 것이 아니다. 즉, 그 선고는 벌금을 내도록 '행동'을 강제하는 것이다. 그것은 "오늘 날씨가 맑다."와 같이 어떤 사실을 표현하는 것과는 아주 다른 언어의 기능이다.

* * *

최근 여러 학문이 급속히 발전하였고, 그에 따라서 철학 자체도 많이 변화할 수밖에 없었다. 수학에서 괴델(Kurt Gödel, 1906-1978)은 어떤 수학 체계도 '완전성'을 갖지 못한다는 '불완전성 이론'을 발표하였고, 기하학에서 독일의 수학자 리만(Georg Friedrich Bernhard Riemann, 1826-1866) 외의 여러 기하학자는 휘어진 공간의 기하학 체계를 만들어 '비유클리드 기하학'을 탄생시켰으며, 물리학에서 아인슈타인(Albert Einstein, 1879-1955)은 '상대성이론'을 통해서 휘어진 시간과 공간이 실제로 어떻게 존재하는지를 수식으로 밝혔다. 수학, 기하학, 물리학 등의 지식이 이전의 기대와 다른 것이라는 이해는 당연히 철학의 인식론에 변화를 일으켰다. 그러한 새로운 과학적 발전으로 과학 지식을 바라보는 철학자의 생각도 바꾸어야 하기 때문이다.

현대 여러 학문의 발달을 보면서 일부 철학자들은 철학 자체를 근본적으로 다르게 바라보게 되었다. 과거의 학문 체계에서처럼 우리의 지식은 자명해 보이는 몇 가지 공준과 공리로부터, 혹은 몇 가지 원리로부터 엄밀히 연역적으로 체계화시킬 수 있는 것이 아니다.

따라서 철학의 목표와 방법에도 수정이 불가피했다. 지금까지 해오던 철학자들의 탐구 방법과 목표, 즉 언어의 논리적 분석만으로 철학의 발전을 기대하기는 어렵다는 인식이 생겨났다. 새로운 철학적 이해에 따르면, 우리의 지식은, 엄밀히 말해서 '믿음'은 수많은 다른 믿음과 그물망처럼 연결되어 있다. 나아가서 이렇게 말할 수 있다. 우리의 어떤 믿음이나 판단은 '문화 전체' 혹은 '개념 체계 전체'에 비추어 나온다. 이러한 새로운 이해의 측면에서도, 과학이 변화됨에 따라서 철학도 변화할 수밖에 없었던 이유가 드러난다.

이러한 최근 경향에서, 철학이 다른 학문에 비하여 특별한 위치에 있는 학문이 아니라는 인식이 등장했다. 철학이 다른 학문의 기초를 연구하기는 하지만, 그 학문 '위에' 있지 않다. 여러 학문 사이에 철학도 단지 한 분야로서 학문이며, 따라서 철학도 여러 과학이 이뤄내는 성과들을 바라보면서 연구할 필요가 있다. 다시 말해서, 철학도 과학적 성과를 활용하여 연구할 필요가 있다. 그런 관점은 철학의 '자연주의(naturalism)'로 불린다. 이러한 탐구 태도는 앞에서 언급했던 칸트의 관점, 즉 '철학과 과학의 탐구 방법이 다르다'는 관점에 대립한다.

이 새로운 입장의 철학자들에 따르면, 우리가 세계를 어떻게 아는지를 연구하는 '인식론'조차 전통의 철학적 방법, 즉 형이상학적으로 탐구하기보다 과학적 탐구 결과에 의존할 필요가 있다. 즉, 인식론을 현대의 신경과학이나 뇌과학 등의 경험적 혹은 실험적 연구 성과를 통해서 탐구할 필요가 있다. 그리고 만약 우리가 신경과학 연구를 통해서 우리의 인지 구조를 밝혀낼 수 있다면, 인간과 비슷하게 생각하는 지능을 가진 '인공지능'을 어떻게 만들 수 있을지도 밝혀질 것이다. (이러한 세부적 내용을 4권 23장에서 논의한다.)

위와 같이 시대에 따라서 철학하는 연구 '방향'이 크게 달라졌으며 철학하는 '방법'도 크게 달라졌다. 다시 말해서, 여러 개별 과학에서의 새로운 발전이 있었으며, 따라서 그 여러 과학의 기초를 연구하는 철학도 적지 않게 변화되었다. 지금까지 이야기를 들으면서 누군가는 자신이 평소에 이해하던 철학을 떠올리며, 어쩌면 다음과 같이 철학자의 가슴을 쓰리게 만드는 질문을 할 수 있다. "그런데 철학이 다른 학문보다 그렇게 우월한 것처럼 말하지만, 사실 철학을 하지 않고도 살 수 있다. 철학을 하면 더 많은 돈을 벌 수 있는가? 경제를 발전시킬 수 있는가? 그렇지 않다면, 아무리 훌륭해 보인다고 하더라도 그런 학문은 별로 쓸모없지 않은가?"

■ 쓸모없어 보이는 철학

철학은 경제적 이득으로 직접 연결되지 않는다.

지금까지 철학이 과학과 관련하여 어떤 일을 해왔고 또 할 수 있는지를 이야기하였다. 요약하자면, 철학은 여러 학문에 기초를 제공할 수 있으며, 새로운 근본적 이해를 제공하여 여러 학문의 발전에 도움을 줄 수 있다. 그러한 측면에서 진정으로 학자다운 자세로 학문을 탐구하려면 동시에 철학자가 되어야 한다는 점을 직접적으로 혹은 간접적으로 강조하였다. 그렇지만 여전히 철학을 다음과 같이 생각하는 사람이 적지 않을 것이다. "그냥 철학이라는 말이 멋있어 보이기는 한다. 그렇지만 철학에 관심을 가질 필요가 있는가? 우선 철학은 너무 이해하기 어렵고, 그것을 꼭 공부할 경제적 이유가 없다. 철학자가 하는 골치 아픈 복잡한 생각을 하지 않아도 살아가기에 아무런 지장이 없지 않은가?"

누가 위와 같은 이야기를 한다면, 그렇지 않다고 말하기 어렵다. 오히려 그렇다고 인정할 만한 부분이 있다. 현대사회에서 어떤 사람이 아무리 훌륭한 인격을 갖추고 있다고 하더라도, 경제적으로 부유하지 못하면 무능해 보인다. 반면에 돈을 많이 벌면, 그 사람이 능력 있는 사람으로 보인다. 그러므로 철학이 쓸모없어 보일 수 있다. 철학을 공부하는 사람들이 별로 돈을 벌지 못한다는 생각은 지금과 마찬가지로 처음 서양 철학이 시작되었던 고대 그리스에서도 있었다.

* * *

기원전 600여 년 무렵 탈레스(Thales)는 이집트에서 유학하고 돌아와 그리스에 기하학을 소개하였다. 탈레스는 천문학에도 관심이 많아서 당시 수년 후 어느 해에 일식이 일어날지 예언하기도 하였다고 전해진다. 그렇게 천문학에 관심이 많았던 탈레스는 어느 날 밤하늘의 별을 바라보며 걷다가 개천에 빠지는 일이 있었다. 그런데 이것을 본 하녀가 "주인님은 저 높은 하늘에서 무슨 일이 일어나는지 열심히 알려고 하시지만, 발 앞에 무엇이 있는 줄도 모르네요."라고 비웃었다. 평소 주위 사람들로부터, 철학자는 가난하며 그런 것을 보면 철학이란 쓸모없는 학문이라는 이야기를 들어오던 탈레스는, 어느 날 자신이 공부한 것을 돈 버는 일에 발휘해 보였다.

별을 관찰하여 그해에 올리브 농사가 풍작이 될 것을 예상하고는, 얼마 되지 않는 돈으로 올리브기름 짜는 기계를 모두 임대하였다. 나중에 그의 예상대로 올리브가 풍작이 되자 사람들이 그 기계를 재임대하여 탈레스는 단번에 많은 돈을 벌었다. (이런 행위는 요즘 법으로 금지된다.) 아무튼 그는 단번에 많은 돈을 벌 수 있다는 것을 보여주고, 다음과 같이 말하였다고 전해진다. "철학자는 돈을 많이 벌 수 있지만 그런 일에 크게 관심을 두지 않을 뿐이다."

* * *

철학이 경제적으로 그다지 도움 되지 않는 학문인 것은 철학이 '학문에 대한 학문'이라는 측면과 관련이 있다. 가장 순수한 학문이기에 실용성과는 직접 관련이 없으며, 현실적으로 도움이 되지 못하는 학문처럼 보이는 것은 당연하다. 그런 점이 일반인이 보기에 철학이 당장에 쓸모도 없는 공허한 문제에 매달리는 학문으로 보일 수 있다. 비슷한 관점에서 철학자 아리스토텔레스는 다음과 같은 말을 남겼다.

최초로 보통 사람 이상으로 어떤 특별한 기술을 발명한 사람은 다른 사람들로부터 존경을 받는다. 그 사람이 남들로부터 존경받는 것은, 그 발명이 사람들에게 어떤 도움을 주기 때문만이 아니다. 그 사람이 다른 사람들보다 더 훌륭하다고 인정되기 때문이다. 사람들이 처음에는 생활에 필요한 것들을 고안해내기 위해 발명하지만, 점차 더 많은 발명이 이루어짐에 따라서, 여가를 선용한 발명을 해내기도 한다. 그런데 바로 그것이 생활에 도움을 준 발명보다 더 훌륭한 것이라고 존경받는다. 왜냐하면 그런 발명은 유용성에 목적을 두지 않았기 때문이다. 생활에 필요한 발명들이 많이 이루어지고 나서 사람들이 여가를 갖게 되면, 그런 곳에서 생활에 직접 필요하지 않은 학문이 발전하게 된다. 이것이 바로 이집트에서 수학이 발전한 까닭이다. 그곳의 성직자들은 여가를 가질 수 있었기 때문이다. (Aristoteles, *Metaphysica*, A1 981b 14sq.)

철학을 연구하는 사람들은 생활에 직접적으로 필요한 것보다 세계의 원리를 더 궁금해한다. 그리고 철학이 생활의 유용성과 직접 관련이 없어 보이는 다른 이유는, 다음과 같이 끊임없이 질문하는 태도와 관련한다. 그것이 왜 그렇지? 그것은 또 왜 그런가? 그런데 그것은 또 왜 그렇지? 이렇게 계속 질문하는 것이 철학하는 기본적 태도이며, 그런 측면에서 사람들은 철학이 결국 어떤 확실한 대답도 얻어내지 못하는 공허한 질문에 그친다고 말하기도 한다.

그렇지만 공허한 것처럼 보이는 질문이 사실 더 높은 가치가 있는 것일 수 있다. 우리가 비록 대답할 수 없는 질문을 하더라도, 그 질문 자체가 이미 세계에 대한 새로운 이해를 제공해줄 원동력을 제공하기 때문이다. 그런 질문을 통해서 인류에게 도움이 될 새로운 이해를 제공해준 사람들, 다시 말해서 새로운 과학기술을 창안한 사람들을 (세계에 대한 새로운 이해의 관점을 창안한 철학자들을 포함하여) 우리는 존경한다. 비록 그런 사람이 많은 돈을 벌지 못했더라도 존경하며, 스웨덴의 노벨상 위원회는 그들에게 존경과 감사를 노벨상으로 보답하기도 한다. 그렇게 최초의 새로운 창안을 위해서 필요한 것이 바로 자신의 과학을 비판적으로 즉 철학적으로 반성하는 태도와 노력이다. (뇌 안에서 과연 그러할 수 있을지를 아직 명확히 설명하긴 어렵지만, 지금 인공지능 연구자들은 그러한 방법을 신경망 인공지능에 활용하고 있다. 그 이야기를 4권 24장에서 다룬다.)

앞서 말했듯이, 필로소피로서 철학은 근본적으로 학문을 연구하는 사람들에게 필요한 학문이다. 세계를 탐구하는 학자들이 세계의 근본원리를 알려고 할 때, 그리고 세계를 탐구하는 새로운 관점을 가져야 할 경우, 필요한 것이 철학의 비판적 사고이기 때문이다. 그렇지만 이러한 비판적 사고가 학자만을 위한 것은 아니다. 철학 공부는 다양한 분야에서 유용하게 발휘될 수 있다. 가장 직접적으로는 비판적 사고 훈련을 위한 논리학은 법률이나 정치 분야로 진출하려는 학생들에게 기초적으로 필요하다. 물론 논리학은 거의 모든 분야의 사람들에게 필요하지만, 특별히 지금 한국의 교육 상황에서 한국 교사들에게 소양으로 요구되는 공부이기도 하다. 창의적 사고를 위해 토론식 교육이 필수적인데, 그러한 수업을 위해서 교사는 논리적 소양을 갖추어야 한다. 교사가 토론식 수업을 이끌어가기 위해서, 자신이 어떤 논리적 오류를 범하는지는 않는지, 학생들이 어떤 논리적 오류에 빠져 있지 않은지 등을 분별할 역량을 가져야 하기 때문이다.

앞으로 이 책에서 소개하는 학문의 방법론에 대한 과거 여러 철학자의 경험과 세계를 바라보는 그들의 관점은, 어느 분야의 학자든 혹은 일상적 생활을 살아가는 사람이라도 필요한 소양이다. 자신의 방법이나 관점이 과거의 어느 철학자의 것과 유사하지는 않은지, 그리고 그 방법과 관점에 어떤 문제가 있었는지 등을 분별할 수 있다면, 그런 역량은 자기 발전을 위한 지혜이다. 그러한 지혜로운 성찰 역량은 개인의 사업이나 일에서는 물론 사람들과의 관계에서도, 그리고 자신의 삶 자체에 대해서도 지혜로 발휘될 수 있다. 금전적으로 얼마나 풍족한 삶을 살아가는지와 상관없이, 세계를 올바로 바라볼 안목을 가지고 삶을 살아간다는 것은 그렇지 못한 삶에 비해서 삶의 의미가 다를 듯싶다. 나아가서 철학적 성찰 역량을 가진 국민이라면, 자신이 속한 국가 또는 사회를 어떻게 만들어나 갈지를 생각해보라. 한국의 장래를 위해 국민 모두 어느 정도 철학적 소양을 갖춘다면, 그래서 스스럼없이 서로 토론하고 더 나은 사회를 위한 지혜를 탐색할 줄 안다면, 그래서 다투기보다 더 나은 생각을 모아갈 줄 안다면, 그것은 이 사회의 미래를 위해 가슴 벅찬 일이 아닐 수 없다.

* * *

실천적 의미에서도 철학적으로 질문하는 태도가 필요하다.5) 일상적으로 우리 각자는 자신이 가진 믿음을 지나치게 확신하여, 그 믿음이 잘못된 것인지 검토하지도 않고 즉시 행동에 옮기는 경우가 적지 않다. 그리고 사람들은 보통 다음과 같은 신념을 가진다. "생각만 가지면 무엇에 쓸까. 그것을 실천해야지." 그렇지만 사실 잘못된 생각을 실천하기보다, 차라리 용기가 없어 실천하지 못하는 편이 더 바람직할 수 있다. 종교적 광신의 믿음을 가진 어느 지도자가 자신의 신념을 너무도 확신한 나머지, 많은 신도에게 고통을 주면서도 스스로 그것을 의식하지 못할 수 있다. 정치에 나서는 많은 사람 역시 (대체로 기만하려는 목적에서 나오는 행동이겠지만) 자신의 확신에 따라서 실천하지만, 결국 많은 사람에게 피해를 주기도 한다. 그들에게 매우 필요한 것은 실천에 앞서 깊은 반성적 사고 혹은 비판적 사고이다.

소크라테스는 "너 자신을 알라."는 말을 하였다. 그 말은 경솔하고 성급한 행동을 자제하고 신중하기를 당부하는 말이다. 그리스 아테네에서 많은 정치인이 스스로 정의를 실천하는 사람이라고 선전하고 다니는 경우가 많았는데, 소크라테스는 그들을 만나 "정의가 무엇인가?"라고 묻고 다녔다. 우리는 일상적으로 '정의로움'이 무엇인지 잘 알고 있는 것처럼 행동한다. 그리고 상대방의 행동이나 주장은 정의롭지 못하며, 흔히 나의 행동과 주장은 정의롭다고 생각한다. 그렇지만 정작 '정의로움' 자체가 무엇인지 누가 물어온다면, 감히 대답하기 어렵다. 일상적인 관점에서 보면, 그렇게 철학적으로 질문하는 일이 쓸모없어 보일 수도 있지만, 사실 우리는 분명히 알고 있어야 할 많은 것들을 잘 알지도 못하면서 쉽게 행동에 옮기는 경우를 본다. 그래서 우리는 스스로 무엇을 알고 무엇을 모르는지 깨닫는 성찰이 필요하다. 즉, 자신이 잘 안다고 생각하는 것조차, 그리고 관습적 확신조차 의심하고 질문할 필요가 있다.

* * *

이렇게 개인적이든 사회적이든, 심지어 물질적 풍요로움을 위해서도, 사회 구성원이 필수적으로 갖추어야 할 소양이 철학의 비판적 사고이다. 물질적 풍요 역시 건전한 사고 없이 가능하지 않기 때문이다.

그렇다면 이제 누군가는 다음과 같이 질문할 수 있다. 철학자들은 어떤 주제들을 질문했는가? 철학적 질문과 그렇지 않은 질문 사이에 무엇이 다른가? 철학자들은 실제로 어떤 질문을, 왜 했는가?

[참고 1]

여기서 잠시 아날로그와 디지털의 차이를 알아보자. 아날로그는 연속적 물리량을 말한다. 예를 들어, 아날로그시계는 바늘이 연속적으로 움직이며, 단지 초바늘이 똑딱똑딱 움직이더라도, 기본적으로 그 시계는 연속적으로 움직이는 중인 바늘 위치로 현재의 시각을 표현해준다. 따라서 우리는 아날로그 양으로 아주 세밀한 수치를 말하기 어려운 측면이 있다. 반면에 바늘 대신에 글자로 표시되는 디지털시계는 바늘이 움직이는 연속된 물리량을 나누어 숫자로 표현해준다. 그러므로 디지털시계는 연속적 시간을 세분하여 표현할 수 있다. 이렇게 연속적 물리량인 '아날로그 양'을 세분하여 숫자나 부호로 표현한 것을 '디지털 양'이라고 한다. 현대 컴퓨터는 모든 정보를 저장하거나 계산 처리할 경우, 숫자나 부호를 이용한다. 그렇게 숫자나 부호로 변경된 정보를 '디지털 정보'라고 말한다.

2 장

철학과 과학의 관계

> 나는, 내가 가장 확실한 것으로 인정하지 않는, 어떤 것도 참이
> 라고 받아들이지 않겠다.
>
> _ 데카르트

■ 철학의 주제

학자들이 스스로 학문을 연구하다 보면, 더구나 호기심이 가득한
혹은 학문적 열정이 많은 학자라면 자연스럽게 근원적 질문을 하게
된다. 예를 들어, 자신이 연구하는 분야의 '개념'과 '원리'가 세계에
실재하는지, 그러한 '지식의 본성'이 무엇인지, 자기의 '추론'이 왜
옳은지, 그리고 자신이 하려는 것이 '정의로운지' 등을 묻게 된다.
그 질문에 따라서, 일반적으로 철학적 질문의 주제는, (물론 이 분
류에 대해서 철학자들마다 입장의 차이가 있긴 하지만) 존재론(형
이상학), 인식론, 논리학, 윤리학 등으로 분류된다.

'존재론(Ontology)'이란 무엇이 존재하며, 존재하는 것과 존재하
지 않는 것의 경계는 무엇인지, 존재하는 것들의 본성은 무엇인지

등등의 질문 주제들을 다루는 분야이다. 그런 질문에 대해서 서로 다른 주장들이 있었다. 예를 들어, 앞서 이야기했듯이, 플라톤은 우리가 관찰할 수 있는 변화하는 현상들 뒤에는 '실재(reality)'가 존재한다고 생각하였다. 요즘 말로 이야기하자면, 개념에 대응하는 실재가 존재한다는 입장이다. 그리고 아리스토텔레스는 자연이나 사물들 혹은 생명체들의 변화에는 근원적 원리들이 있으며, 그것을 '본성' 혹은 '본질'이라고 생각했다. 그런데 본성은 무엇일까? (이러한 이야기들을 이 책 2부에서 살펴볼 예정이다. 이후 여러 철학자들이 존재론의 주제와 관련하여 어떤 입장을 왜 가졌으며, 지금의 유력한 입장이 무엇인지 등은 이 책 전체에서 다뤄진다.)

존재론의 질문은 인식론적 질문의 대답에 따라서 다르게 대답될 수 있다. 인식의 대상이 존재이며, 어떤 인식론의 입장에 서는지에 따라서 철학자들은 다른 존재론의 입장에 설 것이기 때문이다. 물론 이런 입장에 반대하여, 존재론은 인식론으로부터 독립적이라고 주장하는 철학자도 있다. 이러한 이유에서, 이 책은 존재론의 문제를 중점적으로 다루지 않는다. 아무튼, 이러한 측면에서, 전통적인 철학적 질문의 주제를 나는 아래와 같이 크게 둘로 나눈다. 첫째 질문의 주제는 '앎'과 '논리'에 관한 문제이며, 둘째는 '실천'에 관한 문제이다. 그 질문들을 조금 더 구체적으로 아래와 같이 말할 수 있다.

질문 (1) 안다는 것이 무엇인가? 그리고 이미 아는 지식으로부터
　　　　새로운 생각을 어떻게 추론하는가?
질문 (2) 어떻게 행동해야 하는가?

* * *

위의 질문 (1)은 인식론의 문제와 논리학의 문제이다. 앞에서 '인식론(Epistemology)'이 무엇인지 조금 알아보긴 했지만, 여기에서는 조금 더 자세히 알아보자. 철학자 로크는 인식론을 아래와 같이 정의했다.

[인식론의 탐구에서] 나의 목표란 인간 지식의 '기원'과 '한계' 혹은 '범위', 그리고 [우리의] 믿음, 의견, 찬동의 '근거'와 '정도'에 대한 탐구이다.6)

위의 정의를 조금 더 이해하기 쉽게 예를 들어 설명해보자. 전통적으로 학자들은 훌륭한 학문적 지식을 얻는 대표적인 분야로 '수학', '기하학', '물리학'을 꼽는다. 그런 종류의 학문을 연구하는 학자 중 아래와 같이 궁극적 질문을 던지며 궁금해하는 사람이 있었다. 나는 이미 아는 지식을 가지며, 그것을 어떻게 얻을 수 있었는가? 내가 공부하는 기하학 지식과 수학 지식이 옳은가? 그리고 그런 지식이 옳다는 것을 내가 어떻게 확신할 수 있는가? 이런 질문들은 학문적 앎 자체에 대한 궁극적 질문이다.

그래서 묻는 첫 질문은 이렇다. "지식을 어떻게 얻었는가?" 이것은 '인식의 기원'을 묻는다. 이 질문에 대해 전통적으로 철학자들은 상반된 입장에 서기도 하였다. 우리의 지식 중 경험적으로 알게 된 지식 이외에, '선천적으로 아는 것들이 있다'는 입장이 있었고, 반면에 '선천적으로 아는 지식이 전혀 없다'는 상반된 입장도 있었다. 그러한 입장의 차이는 바로 우리가 어떻게 지식을 얻을 수 있는지, '인식의 기원'에 관한 관점의 차이이다.

둘째 질문은 이렇다. "어디까지 알 수 있는가?" 이것은 '인식의 범위 혹은 한계'를 묻는다. 만약 우리가 경험을 통해서만 새로운 지식을 얻을 수 있다고 가정하는 사람의 입장이라면, 경험적이지 않은 지식을 신뢰하기 어렵다. 그러므로 만약 누군가 경험으로 알 수 없는 지식에 대한 확신으로, 사람들을 믿도록 이끈다면, 그 잘못을 밝혀주려 할 수도 있다.

셋째 질문은 이렇다. "지식을 얼마나 신뢰할 수 있는가?" 이 질문은 '지식의 자격'과 관련된다. 이러한 질문은 우리가 진리를 알 수 있는지, 과연 진리가 있기는 한 것인지, 그리고 그렇지 못하다면 어느 정도 신뢰해야 하는지 등의 의문과 관련한다. 그리고 이러한 질문들에 대한 대답에 대해서도, 철학자들은 그 대답의 근거가 과연 무엇인지, 혹은 정당화되는지도 연속적으로 물을 수 있다.

그리고 '논리학(Logic)'은 우리가 학문을 탐구하면서 어떻게 추론해야 올바른 추론을 할 수 있으며, 어떤 추론이 오류인지 등을 밝히는 연구이다. 그리고 이런 연구는, 우리가 어떠한 방식의 추론을 수행할 때 창의적 사고를 얻어낼 수 있을지의 문제도 다룬다. 전통적으로 철학자들은 논리적 문제를 다룸에 있어서, 자연스럽게 언어로 표현된 논리를 비판적으로 검토하였다. 그러한 경향은 현대에 와서 크게 바뀌었다. 지금은 일상적 언어가 애매하게 혹은 모호하게 표현될 수 있으므로, 그 논리의 구조를 기호로 다룬다.

* * *

이제 위의 둘째 질문 (2) "어떻게 행동해야 하는가?"와 관련하여 이야기할 차례이다. 그 문제는 실천의 문제이며, 철학자들은 이것에 대한 탐구를 '윤리학(Ethics)'이라 부른다. 일반적으로 사람들은 살아가면서 어떤 사회를 이루며 살아야 할지, 나라의 법과 제도를 어떻게 만들어야 할지 등등에 대한 지혜를 얻고 싶어 한다. 물론 그 사회의 구성원들이 무엇을 원하는지 알아보면 그 답을 알 수 있을 것 같다. 즉, 대다수 구성원이 원하는 대로 제도를 만들면 될 것 같다. 그러나 이러한 대답은 다음과 같이 쉽지 않은 문제를 가진다.

조금 더 많은 사람이 지지하는 의견이라고 그 의견이 옳은가? 우리는 행동에 있어서 옳고 그른 것을 어떻게 알아보아야 하는가? 이렇게 질문을 던지는 중에 계속되는 질문과 의문이 꼬리를 물고 따라 나오면서, 우리는 철학적 주제로 들어가지 않을 수 없게 된다. 그래서 결국 우리의 문제는 '어떠한 도덕이 옳은지'의 주제에 이르게 된다. 어떤 도덕 규칙이 옳다면 그것이 왜 옳을 수 있을지, 도덕 자체는 무엇이며, 그것은 어디에서 나오는지 등의 의문으로 이어진다. 이런 의문들이 윤리학의 문제이다.

* * *

이렇게 철학의 질문은 '앎과 논리에 관한 문제'와 '행위에 관한 문제', 즉 '인식론과 논리학의 문제'와 '윤리학의 문제'로 크게 구분된다. 물론 어떤 철학자는 그런 구분이 옳지 않으며 다르게 구분되어야 한다고 지적할 수 있다. 아무튼 이 책은 위의 두 문제 모두를 충실히 다루지 않는다. 이 책은 과학과 관련된 철학적 논의를 주로 다룰 것이며, 세부적으로는 인식론과 논리학에 관련된 문제를 중점적으로 이야기한다. 그러므로 이 책은 서양 철학사에서 과학과 관련된 철학적 논의가 어떻게 전개되어왔는지를 이야기한다. 우선은 과학과 철학이 어떻게 관련되는지 조금 더 구체적이며 개괄적인 이야기를 해보자. 도대체 과학 탐구에 철학이 무엇을 할 수 있다는 것일까? (윤리학의 궁극적 문제는 우리가 무엇을 왜 가치로 여겨야 하는가의 질문에 이르게 되며, 이것은 별도의 기획으로 다루어야 할 거대한 과제이다. 그것 역시, 과거의 윤리학자의 말을 맹목적으로 수용하기보다 현대 과학에 부합하는 가치관을 찾아야 하기 때문이다. 나는 이 연구를 다음 과제로 남겨둔다.)

■ 과학의 기초

앞서 말했듯이, 일상적으로 과학과 철학이 서로 거의 관련이 없으며, 따라서 과학자는 철학자가 아니고, 철학자는 과학자가 아니라고 인식된다. 그렇지만 서양에서 고대뿐만 아니라 현대에도 과학자가 철학자가 되는 사례는 적지 않다. 특히 토머스 쿤은 하버드에서 물리학 박사를 받았으며, 『과학혁명의 구조』라는 책을 저술했다. 과학철학을 다루고 있는 이 저술에서 그는 과학의 역사적 변화를 패러다임 전환(paradigm shift)으로 설명한다. 그는 대학에서 언어학과 교수와 역사학과 교수를 지냈다. 그럴 수 있었던 것은 바로 그가 '과학 언어'의 전문가이면서 '과학 역사'의 전문가이기 때문일 것이다. 과학 언어의 철학적 이해와 설명을 하려면, 그리고 과학의 역사적 변화를 철학적으로 이해하고 설명하려면, 과학에 관한 해박한 지식은 필수적이다. 만약 그가 과학을 구체적으로 알지 못했다면, 그러한 책을 저술할 수 없었을 것이다. 그런 측면에서 그의 저술에서 보여주는 철학적 탐구 활동은 그가 과학을 공부한 철학자, 즉 '과학하는 철학자'였기에 가능했다.

영국의 철학자 콜링우드(Robin George Collingwood, 1889-1943)

는 『자연이라는 개념(*The Idea of Nature*)』(1945, 1960)에서 철학과 과학 사이의 관련성을 이야기한다. 그에 따르면, 훌륭한 철학자가 되려면 다른 학문을 연구한 경험이 있어야 한다. 철학이란 여러 개별 학문의 원리를 탐구하는 학문이며, 세계의 보편적 원리를 찾는 노력이다. 다시 말해서, 여러 개별 학문이 각자의 영역에서 세계의 원리를 탐구하지만, 철학은 그러한 개별 학문의 탐구 내용에 관한 원리를 탐구한다. 앞서 말했듯이, 생물학은 생명체의 원리를, 지질학은 땅의 원리를, 천문학은 천체들의 원리를, 물리학의 역학은 움직이는 물체들의 원리를 연구한다. 반면에 전통적으로 철학자들은 철학이 그런 학문 전체의 원리를 탐구하는 학문이라고 생각해왔다. 그 말을 확대해석하면, 철학은 각각의 학문에서 탐구된 원리들에 대한 보편 원리를 찾는 분야이다. 콜링우드는 철학과 여타 개별 학문 사이의 관계를 아래와 같이 말한다.

첫째, 개별 과학들은 철학적 인식에 기초한다. (여기에서 '과학(science)'이란 말은 '학문'과 같은 의미로 사용된다.)

개별 학문은 자체의 연구 성과에 대한 정당성을 철학에서 구할 수 있다. 다시 말해서, 철학은 여러 개별 학문의 원리, 즉 여러 개별 학문을 설명해줄 근거 혹은 정당성을 탐구한다. 그런 측면에서 철학은 '학문에 대한 학문'이라고 말할 수 있다. 예를 들어, 정치학의 기초 원리를 찾으려는 노력을 '정치철학'이라고 하며, 경제학의 기초 원리를 마련하려는 노력을 '경제철학'이라고, 물리학의 기초 원리를 구하려는 노력을 '물리철학'이라고 부를 수 있다. 그리고 같은 맥락에서 '화학철학'과 '생물철학'도 말할 수 있다.

현대 철학자 카르납(Rudolf Carnap, 1891-1970)은 『과학철학 입
문(*Philosophical Foundation of Physics: An Introduction to the
Philosophy of Science*)』(1966)을 썼다. 그 책에서 그는 고전 물리
학과 현대 물리학의 근거에 어떤 철학적 정당성과 설명이 있었는지
설명한다. 물론 그는 물리학을 공부한 과학자이다. 이렇게 개별 과
학은 철학적으로 검토되고서야 그 정당성을 얻을 수 있다. 그렇지
만 혹시라도 이 말을, 개별 학문에 대해서, 철학 없이는 그 분야를
탐구할 수조차 없다는 식으로 주장하지는 말아야 한다고 그는 이야
기한다. 앞서 말했듯이, 칸트는 뉴턴 물리학의 정당성을 연구하였
다. 그렇지만 칸트 없이는 뉴턴 물리학이 나올 수 없다거나 이해될
수 없다고 말하는 것은 지나친 주장이기 때문이다. 물론 뉴턴 스스
로는 나름의 철학적 사고를 가졌기에 그러한 연구 성과를 낼 수 있
었다. 그러한 측면에서, 뉴턴은 철학하는 과학자였다. 그렇지만 뉴
턴은 자신의 물리학 지식의 정당성을 칸트만큼 보여주지는 못했다.

둘째, 개별 과학은 시간에서 철학적 인식에 앞선다.

철학이 과학을 반성한다는 점에서 이미 반성할 대상인 개별 과학
이 우선 있어야 한다. 그래서 시간에서 개별 과학이 철학에 앞선다.
그러나 이런 말도 확대 해석을 경계해야 한다고 그는 주장한다. 예
를 들어, 아리스토텔레스는 생물학을 거의 최초로 체계화시켰다. 그
리고 그는 자신이 생물학을 연구하면서 그 학문 연구 과정을 스스
로 반성해보고, 일반적으로 어떤 절차에 따라 학문 연구를 해야 하
는지 '방법론'을 철학적으로 연구했다. 다시 말해서 과학을 공부하
면서 동시에 철학을 연구했다. 이런 측면에서, 철학과 과학을 엄밀

히 구분하는 기준선이 있다고 말하기 어렵다. 그러한 관점에서, 시간에서 명확히 철학이 과학에 뒤이어 나타난다는 생각에 어느 정도 동의하지만, 반드시 그렇지는 않다. 러셀과 비트겐슈타인의 철학적 성과인 기호논리학은 현대의 컴퓨터 과학에 기여한 측면이 있다. (이에 대한 내용은 2권에 나온다.) 이러한 측면에서 반드시 철학이 시기적으로 과학의 뒤에 있다고 보는 콜링우드의 주장에 완전히 동의하기 어렵다.

그렇지만 일반적으로 새로운 개별 학문이 나타난 후 그에 대한 새로운 철학이 나타난다고 대략 말할 수는 있다. 예를 들어, 19세기에 수학, 기하학, 물리학 등의 분야에서 새로운 과학적 성과가 있었으며, 그에 따라서 새로운 철학적 인식이 나타났다. 그러한 새로운 발견들은 기계론 관점을 뒤집었다. (이런 이야기를 3권 14장, 15장에서 다룬다.)

셋째, 자연적 사실에 관한 세부 연구를 '과학'이라고 말하며, 그 학문에 대한 반성을 '철학'이라고 말한다.

철학이 개별 학문의 연구에 대해 반성한다면, 그러한 반성을 통해서 철학은 과학에 확고한 기초와 일관성 있는 설명을 줄 수 있다. 그것은 철학이 과학의 발전에 기여하는 일이다. 그러므로 이렇게 말할 수 있다. 과학과 철학은 서로 도움을 주고받으며 함께 발전한다. 이런 맥락을 확장해서, 콜링우드는 아래와 같이 주장한다.

넷째, 위의 이유로 자연과학을 과학자만 공부하는 분야라고 생각해서는 안 되며, 철학 또한 철학자만 공부하는 분야라고 생각하지 말아야 한다.

그는 위와 같이 생각하는 이유를 다음과 같이 밝힌다.

자기 연구의 원리를 반성해보지 못한 과학자는 그 학문에 대해 성숙한 태도를 가질 수 없다. 다시 말해서, 자신의 과학을 철학적으로 반성해보지 못한 과학자는 결코 조수나 모방자를 벗어날 수 없다. 반면에 특정 경험을 해보지 못한 철학자가 그것에 대해 올바로 반성할 수는 없다. 즉, 특정 분야의 자연과학에 종사해보지 못한 철학자는 결코 어리석은 철학에서 벗어날 수 없다. (*The Idea of Nature*, pp.2-3)

이러한 콜링우드의 이야기에 불편한 마음을 감추기 어려운 사람이 있겠다. 아마도 그는 철학자이지만 여타 학문에 거의 관심을 기울이지 않으면서도 자신이 아주 훌륭한 철학자라고 생각하는 사람이거나, 과학자이지만 철학에 전혀 관심이 없으면서도 자신이 훌륭한 과학자라고 생각하는 사람일 것이다. 콜링우드의 말대로 그런 학자들이 자신의 학문을 하지 못할 이유는 없다. 그저 과거의 철학자들이 지금까지 생각하던 방식을 따라 하기만 한다면 말이다. 또한, 그냥 과거의 과학자들이 밝혀놓은 것들을 답습하거나 반복된 실험만을 하는 경우도 그러하다.

그러나 새로운 시대에 맞는 새로운 관점을 찾으려는 철학자라면, 그리고 새로운 시대에 요구되는 발견을 꿈꾸는 과학자라면, 타 분야에 관심을 두지 않을 수 없다. 그러한 과학자라면, 그는 자신의 탐구 방법이 얼마나 합리적인지, 자신이 발견한 결과물이 얼마나 진실성을 갖는지, 그리고 그것이 어떤 철학적 인식을 주는지 등을 고려할 필요가 있다. 또한 그러한 철학자라면, 그는 자신이 찾으려는 원리가 무엇에 관한 것인지 명확히 알아야 한다. 다시 말해서, 자신이 찾게 될 세계의 인식이 어떤 의미를 제공하는지를 구체적으로 이해하려면 구체적 세부 과학들을 알아야 한다.

앞서 말했듯이, 뉴턴은 물체의 운동에 관한 연구로서 '역학'을 공부하면서 동시에 데카르트 철학을 공부했고, 또한 유클리드 기하학을 공부하기도 했다. 그런데 만약 뉴턴이 유클리드 기하학을 공부하면서 자기 학문의 체계를 반성하지 않았다면 어떠했을지 상상해볼 수 있다. 그가 자신의 역학을 철학적으로 반성하지 않았다면, 그렇게 치밀한 저술을 쓸 수는 없었을 것이다. 또한, 칸트는 합리론과 경험론을 종합한 점에서 역사적으로 중요한 철학적 의미가 있는 학자로 평가되고 있다. 그런데 만약 그가 뉴턴 물리학을 공부하지 못했다면, 그는 분명히 그런 철학책을 써야겠다고 결심할 계기조차 갖지 못했을 것이다. 이러한 인식에서 콜링우드는 과학과 철학이 만나야 한다고 다음과 같이 이야기한다.

19세기 이전에 탁월한 과학자들은 자신의 과학을 철학적으로 생각했었다. 그런데 19세기에 들어와서 과학과 철학이 분리되는 경향이 있었으며, 이제 그들[철학자와 과학자들]은 서로를 거의 알지 못할 뿐만 아니라, 서로 이해하려 노력조차 거의 하지 않는다. 그것은 양쪽 모두에게 해로운 경향이다. 그러니 이제 서로를 이해하기 위해 둘 사이에 다리를 놓아야 한다. 그 다리의 건설은 한쪽에서만 이루어져서는 안 되며, 양쪽에서 출발해야 한다. 즉, 철학자와 과학자들은 모두 서로를 알려고 노력해야 한다. 그렇게 해서, 지금은 비록 서로를 잘 모르고 있고, 그래서 이런 일이 지금은 바보짓으로 보일 수 있겠지만, 그 다리를 건설하는 일은 계속되어야 한다. (*The Idea of Nature*, p.3)

그렇다면 과학과 철학이 분리되는 경향은 왜 나타나는가? 아마도 과학이 전문화되면서 그리고 철학도 전문화되면서, 대부분 철학자가 과학을 연구하기 어려워졌으며, 대부분 과학자는 철학을 공부하기 어려워졌기 때문이다. 그렇지만 모든 과학자가 철학을 멀리했던 것은 아니다. 물리학자 슈뢰딩거(Erwin Schrödinger, 1887-1961)는 『생명이란 무엇인가? 그리고 정신과 물질(*What Is Life? and Mind and Matter*)』(1967)에서 철학적 사고를 보여준다. 또한 아인슈타인은 뉴턴의 절대시간과 절대공간에 대해 비판적으로 의심하고, 칸트의 시간과 공간의 개념에 대해서도 비판적으로 사고한 결과, 상대성이론에서 상대적 시간과 공간을 주장하였다. 20세기의 논리실증주의자와 그 경쟁의 입장에 섰던 철학자들 대부분도 과학을 철학적으로 연구했다. 그렇지만 분명히 철학과 과학이 멀어지는 경향이 있었다. 이제 철학자와 과학자 모두가 서로를 이해하려 노력해야 한다. 지금의 시대에도 그러한 노력이 구체적으로 서로 어떤 도움이 되기 때문일까?

이 점을 알아보려면 기술과 과학 사이의 관계를 알아볼 필요가 있다. 아리스토텔레스는 기술자(artists)와 과학자(scientists), 그리고 철학자(philosopher)를 구분한다. 그런 구분을 통해서 그가 말하려는 이야기는 다음과 같다. 기술자는 과학자보다 일상생활에 필요한 여러 가지 도구들을 더 잘 만들 수 있다. 그렇지만 우리는 기술자보다 과학자를 더 지혜롭다고 말한다. 왜냐하면 기술자는 자신이

하는 일을 원리적으로 설명할 수 없지만, 과학자는 기술자가 하는 일에 대해서 '이유'를 설명할 수 있기 때문이다. 마찬가지로 과학자가 철학자보다 세계를 더 잘 연구할 수 있으나, 철학자를 더 지혜롭다고 말한다. 왜냐하면 철학자는 과학자의 연구에 '이유'를 설명할 수 있기 때문이다.

예를 들어, 우리가 한국의 초가집이든 기와집이든 작은 집 한 채를 짓기 위해 반드시 대학에서 건축학을 배울 필요는 없다. 기술자가 되려는 사람은 벽돌을 쌓는 기술과 지붕을 올리는 방법 등을 건축 현장에서 경험적으로 잘 배울 수 있기 때문이다. 그리고 그런 경험이 대학에 다니는 것보다 실제 건축에서 필요한 지식을 더 많이 알려준다. 그렇지만 만약 그 기술자가 거대한 인천대교를 건설하려 한다면, 혹은 수십 층의 고층 건물을 세우려면, 단지 경험만으로 문제를 해결하기 어렵다. 그러한 첨단 건설을 위해서 건축과학의 원리적 이해가 있어야 하며, 그러자면 기술을 발휘하는 '이유', 즉 과학을 알아야 한다. (이러한 측면에서 요즘의 기술자를 '엔지니어(engineer)'라고 부른다. 그들은 과학을 연구하지는 않지만, 과학 지식을 겸비한 기술자들이다.)

마찬가지 관계가 과학과 철학 사이에 존재한다. 과학자들은 자신들의 연구에 '이유' 혹은 '정당성'을 묻지 않고서도 과학을 연구할 수 있다. 다시 말해서, 과학자들은 철학을 공부하지 않더라도, 습득한 과학 지식을 활용하여 건축물을 설계할(design) 수 있다. 그렇지만 지금과 다른 과학 지식을 내놓으려면, 즉 새로운 창의적 연구 성과를 얻어내려면, 자신의 연구에 '이유'를 알아야 한다. 그 이유를 찾는 분야가 바로 철학이다.

전통적으로 철학자들은 그 이유, 즉 과학의 근원적 이유를 탐구해왔다. 과학적 지식의 근원적 이유, 즉 지식 자체를 묻는 철학적 탐구가 바로 인식론이다. 요즘 과학자들은 인간의 뇌를 닮은 인공지능 컴퓨터를 만들어내려고 하며, 나아가서 그것을 로봇 개발에 활용하고 싶어 한다. 그런데 로봇을 만들기 전에 그들이 밝혀야 할 것은 '지식 자체'가 무엇인지에 대한 대답이다. 인공지능(AI)을 지적 기계로 만들려면 그런 의문에 대한 대답부터 있어야 한다. 우리는 일상적으로 상대방 말의 '의미'를 알 수 있다고 여기지만, 정작 '의미' 자체가 무엇인지 아직 철학자들은 만족스러운 설명을 내놓지 못했다. 우리가 일상적으로 무엇을 이해한다고 여기지만, '이해' 자체가 무엇인지 아직 철학적 해명이 없다. 그것을 모르고서 인공지능 혹은 로봇이 언어의 의미를 이해하도록 만들기는 어렵다.

요즘 현대 의학과 생물학 관련 분야에서 뇌과학을 연구하는 과학자들도 그런 의문에 대답을 찾으려 노력 중이며, 부분적으로 성과를 거두고 있다. '우리의 앎 자체가 무엇인가'라는 하나의 관심사를 놓고 현재 철학을 포함하여 여러 분야의 학자들이 협동적으로 연구하는 중이다. 그런 분야를 '인지과학(cognitive science)'이라 부른다. 그러한 협력 연구를 위해서 우리는 과학을 탐구하면서 동시에 철학적 관점을 가져야 하며, 철학적 사색을 하면서도 과학의 연구성과를 돌아보아야 한다. 즉, 과학으로 철학하고, 철학으로 과학해야 한다.

지금까지 살펴본 과학과 철학의 관계에서, 과학의 근본원리를 밝히려는 철학의 분과를 특별히 '과학철학(philosophy of science)'이라고 부른다. 그렇다면 과학철학은 구체적으로 과학에 관해 무엇을 연구하는가? 과학철학자는 지금까지 무엇을 궁금해하며, 그래서 어떤 질문을 하는가?

■ 과학철학이란

앞서 말했듯이, 철학은 과학의 기초 원리를 찾는 연구이다. 즉, 세계의 원리를 찾는 것이 과학이라면, 그 과학의 원리를 찾는 것이 철학이다. 그런 측면에서 서양 철학은 근본적으로 과학철학의 성격을 갖는다. 이제 과학철학자가 어떤 연구를 하는지 조금 더 세부적으로 이야기해보자.

존 로세(John Losee)는 저서 『과학철학의 역사(*The Historical Introduction to the Philosophy of Science*)』(1972, 2001)에서 과학철학의 역할을 한마디로 아래와 같이 규정한다.[7] "과학철학은 2차 기준 설정의 학문이다." 여기에서 당황스럽게 들릴 만한 말, '2차 기준 설정'이란 무엇일까? 그 말을 조금 더 가까이 이해하기 위해서 로세가 과학철학자의 역할을 어떻게 생각하는지 살펴보자. 그는 과학철학자가 갖는 관심을 아래 네 가지 의문으로 제시한다.

첫째, '과학적 탐구'와 '과학이 아닌 것'을 구분 짓는 특징은 무엇인가?

일상적으로 과학자들은 이렇게 말한다. "이 약의 효능은 과학적으로 증명되었다." "이 화장품의 품질은 과학적으로 증명되었다." "그 주장은 과학적으로 증명된 것이 아니다." 이렇게 "과학적으로 증명되었다."라는 말을 흔히 사용하면서도, 그들은 그 말의 의미를 명확히 따져보지는 않을 수 있다. 그래도 특별히 문제 될 것은 없어 보이기 때문이다. 그렇지만 자신의 학문을 조금 더 진지하게 연구하는 과학자라면 그 말의 의미를 아래와 같이 비판적으로 검토해볼 필요를 느낄 수 있다. 과학적으로 증명된 것이라면 무엇이든 믿을 만한 것인가? 그것을 우리가 왜 신뢰해야 하는가? 과학적으로 증명된 것과 그렇지 않은 것 사이에 어떤 차이가 있을까? 한마디로 '과학적'이란 무엇을 의미하는가? 어느 주장이 과학적이라 말할 수 있으려면, 어떤 조건을 갖추어야 하는가?

이렇게 꼬리를 물고 질문하다 보면, 대답하기 어려운 질문의 막다른 골목에 이른다. 혹시 누군가는 곰곰이 생각해본 후 그곳을 벗어날 방법으로 다음과 같이 말할 수도 있겠다. "과학적 증명은 틀림이 없는 지식이다. 왜냐하면 실험으로 확인된 지식이기 때문이다." 이런 대답에 그 누군가는 만족할 수도 있다. 그렇지만 만족할 수 없는 어떤 과학자는 곤란한 질문을 멈추기 어렵다. 과학자의 실험은 언제나 가설을 참으로 밝혀줄 수 있는가? 누군가는 이런 질문에 다음과 같이 대답할 수도 있다. "그것은 우리가 관찰로 확인했기 때문이다." 이런 대답에 만족할 수 없는 어느 과학자, 혹은 과학철학자는 다시 묻지 않을 수 없다. '관찰'이 무엇인가? 이제 우리의 질문은 '과학이 무엇인가'에서 '관찰이 무엇인가'의 문제로 바뀌었다. 이런 문제에 대해서는 나중에 좀 더 구체적으로 생각해보기로 하자. 여기서는 과학적이라는 말 자체에 철학적 문제가 있다는 것을 아는 것으로 만족하자.

둘째, 과학을 탐구할 때 과학자가 연구하는 절차 또는 방법론은 무엇인가?

이 질문을 다음과 같이 바꿔 질문할 수 있다. 과학자는 어떻게 연구하는 것일까? 이 질문에 대답하려면, 다시 '관찰'에 관한 논의로 돌아가야 한다. 일상적으로 우리는 사실들을 관찰할 수 있고, 관찰을 통해 어떤 법칙을 발견할 수 있다고 믿는다. 그리고 그렇게 연구하는 것이 바로 과학이라고 가정한다. 그렇지만 과학철학자라면 그런 가정에 대해서 비판적으로 질문할 수 있다. 관찰로부터 법칙을 발견하는 과정 혹은 절차에 아무런 문제가 없을까?

또한 과학을 진지하게 연구하는 과학자라면, 자신의 연구 과정에 어떤 논리가 숨어 있는지 알고 싶어 할 수도 있다. 만약 관찰로부터 법칙을 얻어내는 과정에 어떤 논리를 발견할 수 있다면, 우리는 그 논리를 상당히 유용하게 활용할 수 있을 것 같기도 하다. 그래서 어쩌면 관찰된 사실들을 모아서 그 논리에 적용해보기만 하면, 누구라도 새로운 법칙이나 원리를 손쉽게 발견할 수 있다고 기대할 수도 있다. 만약 그럴 수만 있다면, 우리는 과학 발전을 빠르게 혹은 더 효과적으로 이루어낼 수 있어 보이기 때문이다. 적어도 과학 연구에 적합한 방법적 논리가 무엇일지를 아는 것은 과학 연구에 적지 않게 도움이 될 것이다. 그런 생각에 잠긴 과학자라면, 그는 철학적 질문 혹은 비판적 질문을 하지 않을 수 없다. 과학적 '발견의 논리'가 있을까? 있다면 그 논리가 무엇일까? 이런 질문은 과학의 방법론을 묻는 물음이다.

셋째, 과학적 설명이 옳기 위해 어떤 조건을 만족해야 하는가?

우리는 바로 앞에서 과학자가 관찰을 통해 일반화하는 경우를 이야기했다. 그런데 여기서 다음과 같은 질문에 대해 생각해보자. 과학자는 일반화 혹은 법칙을 어디에 사용하는 것일까? 서양 철학자들은 전통적으로 '법칙'을 '설명'과 '예측'에 활용한다고 생각해왔다. 여기에서 다시 묻게 된다. 과학의 예측과 설명이 언제나 성공적인가? 우리는 과학 연구 과정에서 예상이 빗나가는 일을 언제든 겪을 수 있으며, 예상할 수 있다. 그렇다면 무엇이 올바른 설명일 수 있을까? 그리고 올바른 혹은 합리적인 설명이 되기 위해서는 어떤 조건을 갖추어야 하는가? 이런 의문을 아래와 같이 정리하여 질문할 수 있다. "무엇이 합리적인 설명인가?" "합리적인 것은 왜 합리적인 것인가?" 이렇게 과학철학자는, 과학적 설명이 갖추어야 할 합리적인 조건을 궁금해할 수 있다.

넷째, 과학 법칙과 과학 원리는 어떤 인식적 지위(epistemological status)를 가지는가?

위 질문에서 어려운 말, 즉 '인식적 지위' 또는 '인식적 자격'을 쉬운 표현으로 바꿔 아래와 같이 다시 물을 수 있다. 과학 법칙과 과학 원리는 우리가 어느 정도 신뢰할 수 있는 지식인가? 철학자가 이런 질문을 하게 되는 까닭은, 우리 지식이 믿음의 정도에서 차이가 있다고 가정하기 때문이다. 상식적으로 생각해보아도, 우리가 믿을 만한 지식이 있지만, 그렇지 않은 지식도 있다. 그래서 다음과 같은 질문하게 된다. 우리는 자신의 지식을 신뢰할 수 있는가? 그리고 신뢰할 수 있는 정도에 따라서 지식을 어떻게 나눌 것인가? 그 나눠진 지식은 각각 어느 정도 참일 수 있는가? 그리고 지식마다 각기 참일 정도가 다른 것은 왜일까?

이런 의문은 우리가 다시 인식론의 문제로 돌아가도록 만든다. 그래서 다음과 같이 질문하게 된다. 우리는 어떻게 지식을 얻을 수 있었는가? 우리가 얻을 수 있는 지식은 어느 종류의 것이고, 지식처럼 보이지만 사실 지식이 아닌 것은 어느 종류의 것인가? 한마디로 우리는 과학 지식을 얼마나 믿을 수 있는가?

* * *

과학의 중요 목표가 개별 사실을 관찰하고서 자연의 어떤 법칙 혹은 원리를 발견하는 일이라면, 철학의 중요 목표는 과학 연구의 성과 혹은 과정을 사색함으로써 과학의 (2차) 기준을 설정하는 일이다. 우리는 과학이 발견한 법칙을 통해서 앞으로 벌어질 사건을 예측하거나, 이미 벌어진 사건을 설명할 수 있다. 그리고 철학자는, 과학 활동의 절차와 논리를 반성함으로써, 과학을 이전과 다르게 재정립하거나 새로운 탐구 방향을 제시할 수 있다.

지금까지 일반적으로 철학자들이 과학에 관해 무엇을 연구하고 관심을 두는지 대략 알아보았다. 이제부터는 역사적으로 고대에서부터 지금에 이르기까지 철학자들마다 과학에 관해 어떤 생각을 했는지를 구체적으로 알아보려 한다. 과거의 철학을 모르고 갑자기 현대 철학을 이해하려 할 경우, 때로는 그 이해가 매우 어렵다. 그 이유는 현대 철학자가 던지는 질문들이, 과거 철학자가 궁금해했던 문제들로부터 나왔기 때문이다. 그러므로 지금 시대에 사는 우리라도 고대 철학자가 던졌던 질문이 무엇인지 거슬러 올라가 살펴보아야 한다. 그런 가운데 서양에서 과학이 발달해온 바탕에 어떤 철학적 생각들이 있었는지 자연스럽게 알 수 있으며, 과학자들이 왜 철학적 생각을 해야 하는지 그 이유도 더 잘 이해할 것이다.

2부

보편 개념과 이론은 어디에서 오는가?

서양문명에서 학문 또는 철학이 그리스에서 시작된 것은 왜인가? 서양 철학 이야기를 시작하면서 누구라도 이러한 질문에 대해 궁금해할 것이다. 이 질문에 대답하려면, 문명 혹은 문화가 어떻게 시작되었는지부터 살펴보아야 한다.

문명사에서 신석기 무렵 인류의 경제는 수렵에서 농경으로 바뀌었다. 그러한 변화는 인류를 문명사회에 살도록 만들었다. 고대 문명은 모두 농경에 유리한 강 유역을 중심으로 일어났다. 인더스 문명은 기원전 3,500년 무렵 인더스강을 중심으로, 이집트 문명은 기원전 3,400년 무렵 나일강을 중심으로, 메소포타미아 문명은 기원전 2,500년 무렵 지금 이라크의 유프라테스강과 티그리스강을 중심으로, 그리고 황허 문명은 기원전 1,800년 무렵 황허강을 중심으로 일어났다. 그리고 기원전 500년 무렵 중앙아메리카와 기원전 300년 무렵 남아메리카 등의 문명 역시 농경문화와 긴밀히 관련된다. 그러한 지역들은 모두 물을 잘 이용하여 농사를 짓기에 적절하여, 풍요로운 삶을 가능하게 해주는 은혜로운 땅이라서, 남에게 빼앗기지 말아야 할 소중한 재산이었다. 풍요로운 농업 생산은 강력하고 거대한 제국을 가능하게 해주었으며, 강력한 제국은 효율적 농업 생산을 위한 조직과 관리를 제공했다. 그러한 곳에서 과학기술과 예술 등의 문화 발전이 가능했다. 영어로 '문화(culture)' 또는 '문명'이란 단어는 라틴어로 '토지를 경작하다(cultura)'라는 말에서 나왔다. 인류가 농경문화에서 문명을 꽃피울 수 있었던 것은 아마도 넉넉한 식량 덕분에 일부 사람들이 생업에 직접 관련이 없는 활동에 참여할 수 있어서일 것이다.

그렇지만 기원전 700년 무렵 시작된 고대 그리스 문명은 그러한 조건을 갖추지 못했다. 그리스에는 큰 강이 흐르는 광활한 평야가 없으며, 그곳 사람들은 이집트 문명과 메소포타미아 문명으로부터 거의 모든 선진 지식을 배워야 했다. 이러한 사실로부터 다음과 같은 의문이 생길 수 있다. 이집트나 메소포타미아 문명은 왜 학문을 더욱 발전시키지 못했는가? 반면 고대 그리스인은 그들보다 더욱 발달한 문화를 어떻게 일으킬 수 있었을까?

그리스 문명의 시작과 철학의 시작에 관한 이유를 명확히 말하기는 쉽지 않겠지만, 대략 두 가지 요인을 추정해볼 수 있다.

첫째, 학문의 발전에 경제적 여유로움이 있었다. 당시 농업이 강력한 국가와 문명을 이루게 해준 것처럼, 어떤 방편으로든 문화가 발전하려면 경제적 여유는 필수적이다. 이 말이 학문하는 사람은 언제나 부자여야 한다는 의미는 아니다. 사회적으로 풍족하다는 것은 어떤 사람을 경제 활동에서 벗어날 수 있게 해준다는 의미이다. 경제적 여유가 있는 지배자 혹은 상업적 부호들은 예술가와 학자를 지원할 수 있다. 그 덕분에 어느 예술가와 학자는 부의 축적보다 지적 활동이나 예술 활동에서 삶의 의미와 즐거움을 찾을 수 있다. 그런 사람들은 자신의 일생을 문화적 활동에 몰입한다.

그렇다면 고대 그리스는 경제적 풍요를 어떻게 가질 수 있었을까? 지금의 그리스는 농업과 관광이 중심 산업이지만, 고대 그리스의 중심인 아테네는 식량 자급자족조차 어려웠다고 전해진다. 비교적 건조한 기후에다 산악지형이 많고, 많은 섬으로 이루어진 국가이기 때문이다. 그러므로 당시 그곳 사람들은 양과 염소를 키우고 올리브와 포도를 재배했으므로, 식량을 수입해야 했다. 고대 국가에서 식량 조달은 아마도, 수입이란 말이 안 어울릴지도 모르겠다. 그리스는 기원전 8세기에서 6세기 사이에 지중해 연안 20여 곳에 식민지를 개척하였다. 기원전 750-550년 그리스 영토와 식민지는 지금의 이탈리아 남부, 포르투갈과 프랑스 남부, 시칠리아, 그리스 북부, 터키의 해안 지역, 그리고 흑해 연안의 지역 등을 포함한다.

그리고 고대 그리스는 분산된 여러 도시국가들이 협력 혹은 동맹을 맺은 연합국가였다. 아테네가 중심이었던 시기를 지나 마케도니아가 중심이었던 시기에, 강력한 통치자 알렉산더(Alexander, 기원전 356-323)는 지금의 이집트 지역, 터키, 이라크, 이란 등의 영토 전체, 그리고 파키스탄과 인도의 일부 영토를 점령하였다. 이러한 침략과 점령은 식민지 개척과 경제적 약탈, 즉 자국의 경제적 풍요를 의미한다.

기본적 생업을 벗어나 공부를 하거나 예술 활동을 할 수 있는 경제적 여유는 사람들이 문명을 발전시킬 수 있게 해준다. 이러한 가정은 지금 시대에도 마찬가지로 적용된다. 국가 또는 사회가 학문과 예술을 위해 얼마나 지원하는지는 그 분야의 발전에 필수 요소이다. 본래 공부하는 사람들이 모이는 학교인 '스쿨(school)'이란 단어도 그리스어로 '여유'를 뜻하는 '스콜레(schole)'라는 말에서 유래한다. 어쩌면 어느 고대 그리스인은 공부하는 곳을 지날 때면, 그곳을 가리켜 "한가한 놈들이 놀고 있어."라는 의미로 '스콜레'라고 손가락질했을지도 모르겠다. 당시 풍요로움을 보여주는 실제 증거는, 로마의 폼페이에서 훗날 발견된 모자이크 미술의 아카데미 모습에서 보여준다. 그 미술 작품은 화산 폭발로 도시가 화산재에 묻힌 덕분에 잘 보존될 수 있었다.

물론 경제적 풍요가 곧 학문과 예술의 발달, 더구나 철학의 발달을 의미하는 것은 아니다. 13세기 말에 가장 강력하고 광활한 영토를 통일했던 몽골에서도 여러 기술은 발전했지만, 그것을 넘어서 과학이론과 철학을 발달시켰다는 이야기는 들리지 않는다. 실용적으로 필요한 기술은 거의 모든 문명에서 발생하며, 발전시켜야 할 이유가 있다. 그러나 실용과 거리가 먼 과학이론을 발전시킬 수 있느냐는 다른 수준의 문제이다. 더구나 그리스처럼 과학을 넘어 철학이론을 발전시키는 사건은 정말 흔치 않은 일이다. 그러므로 그리스가 유럽 철학의 발원지가 될 수 있었던 추가적인 요인 혹은 조건이 있어야 한다.

둘째, 비판적 사고가 허락된 사회에서 학문의 발전이 가능했다. 강력한 제국을 건설하려면, 그 구성원들은 서로의 능력을 통제하고 관리할, 즉 효과적으로 협력할 수 있게 해줄 사회제도를 갖추어야 한다. 물론 그런 사회제도는 구성원들이 서로의 신뢰를 높여주는 것이어야 한다. 가장 바람직한 구성원들의 자발적 참여는 (학교 교육제도를 포함하여) 도덕 즉 윤리체계를 갖춘 제도를 통해 이루어질 수 있다. 한마디로 사회의 구성원이 철학적 소양을 갖추면, 더욱 굳건한 사회가 만들어질 수 있다. 그리스가 이상적 모습의 국가였다고 평가하는 것은 무리이겠지만, 적어도 그리스가 선택한 민주주의 정치구조가 학문의 발달에 도움이 되었다고 말할 수는 있을 것 같다.

당시에 민주적 정치제도가 모든 측면에서 우월했다고 말할 수는 없다. 그렇지만 장점을 발휘할 요인이기는 하다. 민주제도에서 통치자가 되려는 사람은 여론을 설득해야 했다. 그리고 그러한 설득 과정에서 자연스럽게 공개 토론도 있기 마련이다. 또한 민주적 재판제도 역시 자신을 변론하는 논증이 중요하다. 이러한 일을 위해서 누군가는 논리적 사고 훈련이 필요하다. 당시 민주정치에서 정치인과 변호사와 갖추어야 할 소양 교육을 철학자들이 담당하였다. 그렇게 논증의 힘으로 무장된 민주국가는, 다만 무력으로 통제하려는 군주국가가 결코 가질 수 없는 사회적 힘을 발휘할 수 있었다.

물론 민주제도에서 그리스인들은 당시 학교인 김나지움(gymnasium)에 모여, 서로 정보를 나누고 한가로이 여담을 나누었다. 당시의 김나지움은 운동 경기장이었으며, 그로 인해서 다친 사람들을 치료하는 의료 시설이었고, 정치적 의견이나 여러 주제를 토론하는 콜로키움(colloquium)이 열리는 토론장이었고, 교육하는 학문의 전당이기도 하였다. 그중 플라톤이 세운 김나지움이 '아카데미'이다. 그곳에서 플라톤은 기하학을 공부하고, 가르치며, 철학을 발전시켰다.

그리스 학자들은 이집트에서 측량술을 전달받아 수준 높은 기하학으로 발전시켰다. 이집트의 측량술은 나일강의 범람과 관련이 있다. 매년 발행하는 나일강의 범람으로 사람들은 농사를 짓던 경작지의 경계를 알아볼 수 없었다. 그래서 사람들은 각자의 농지의 경계를 다시 알아낼 방편으로 측량술을 발전시켰다. 그렇게 발전된 측량술은 그리스로 전해져 기하학으로 발전했다. 그렇지만 나일강과 같은 큰 강이 없었던 그리스에서 사람들은 그것을 재미난 탐구

소재로 여겼다.

그런 분위기에서 그들은 쓸데없어 보이는 다음과 같은 질문을 생각할 수 있었다. "우주는 무슨 물질로부터 생겨난 것일까?" "만물의 근원적인 물질은 무엇일까?" 그들이 이런 질문을 던질 수 있었던 것은 당시에 상당히 많은 것을 알았기 때문은 아니다. 다만 그들은 변화하는 자연을 바라보며 경이로움을 가졌고, 그 경이로움에 질문했을 뿐이다. 그리스 학자들은 복잡한 자연현상을 하나의 원리로부터 혹은 몇 가지 간단한 요소로부터 통합적으로 설명하고 싶어했다. 그렇게 우주를 단순한 원리로 설명하는 환원적 설명을 시도하였다. 그들은 그저 질문할 줄 알아서 우주론을 시작하였다. 또한 자연 세계의 원리를, 신비로움에 의존하기보다 자연 자체에서 찾으려 했다는 측면에서, 그들의 탐구는 '자연철학(Natural Philosophy)' 이라고도 불린다. 그리스 자연철학자들은 구체적으로 자연에 어떤 철학적 물음을 던졌는가? 그리고 어떤 대답을 얻었는가?

3 장

그리스 철학의 시작

위대한 사상가란 새로운 것들에 관해서 또는 새로운 맥락 속에서 '왜?'라는 질문을 제기하는 사람이다.

_ E. H. 카

■ 우주의 궁극적 원소

탈레스(Thales, 기원전 624-546 추정)는 이집트를 방문하여 기하학을 공부하고, 피라미드의 높이를 삼각법으로 측량했으며, 육지에서 바다에 떠 있는 배의 거리를 계산하기도 했다. 천문학도 연구하여 일식을 정확히 예측한 것으로도 유명하다. 그러한 연구를 통해서 그는 눈에 보이는 것 너머의 '진정한 앎 혹은 근원적 원리(아르케, arche)'를 처음 이야기한 학자로도 알려져 있다. 그리고 탈레스는 "만물의 근원은 물이다."라는 말을 한 것으로 유명하다. 그는 이오니아 지방의 밀레투스 사람이었다. 밀레투스는 지금 터키의 영토이며, 그리스와 가까운 해안가 지역이다. 그는 최초의 자연철학자로 불리지만, 입법자이면서 정치 지도자이기도 하였다. 그가 자연철학자인 것은, 복잡한 세계에 대해서 신비나 영험에 기대지 않고 자연적 설명을 시도했기 때문이다. 다시 말해서 자연현상을 자연으로 설명하려 했다. 요즘에도 '신비로운' 원리나 존재를 말하는 학자가 있기는 하다. 신비에 기대는 한에서 그들은 학자다운 자세를 가졌다고 봐주기 어렵다. '신비롭다'는 것은 '모른다'는 것을 의미하기 때문이다. 즉, 모르기에 신비롭게 느끼는 것이다. 그러므로 누군가 무엇이 신비롭다고 말하는 이야기를 들으면, 우리는 그에게 호감으로 대하지 말아야 한다. 그 말은 스스로 모른다는 것의 다른 표현이기 때문이다.

또한 데모크리토스(Democritos, 기원전 460-370 추정)는 최초로 '원자론'을 주장하였으며, 그 주장을 에피쿠로스(Epikouros, 기원전 341-270)가 계승하고 발전시켰다. 그들은 아래와 같은 근거에서 원자론을 주장했다. 동굴에 들어가 보면 틈이 없는 단단한 바위에서 물이 흘러나오는 것을 볼 수 있는데, 그것은 바위 속에 물이 스며들어 있다가 흘러나오는 것으로 보인다. 그렇게 단단하며 조금도 틈이 없어 보이는 바위에도 물이 스며든다는 것은 그곳에도 비어 있는 공간이 있기 때문일 것이다. 아마 그런 것이 바위만은 아닐 것이다.

그리고 세상에 있는 모든 사물 속에는 우리가 볼 수 없는 비어 있는 공간 즉 '진공'이 있다고 가정된다. 또한 사물들이 공간에서 움직일 수 있다는 사실만 보아도, 우주에는 구성 물질 이외에 진공이 있어야 한다는 것이 가정된다. 만약 우주가 어떤 물질들로 꽉 채워져 있다면, 그것들은 서로 맞물려서 꼼짝도 할 수 없을 것이다. 다시 말해서, 우리와 같은 동물들이나 사물들이 움직인다는 것은 곧, 비어 있는 공간인 진공이 있다는 것이다. 그런 고려에서 우주는

'원자'와 '진공'으로 이루어져 있는 것이 틀림없다.

그리고 우주에 있는 사물들은 모두 쪼개질 수 있지만, 그렇다고 그것들이 무한히 쪼개지는 일은 없다고 가정된다. 만약 사물들이 무한히 쪼개질 수 있다면, 그렇게 쪼개진 사물들은 먼지로 사라지고 말 것이다. 그렇게 우주에 있는 사물 혹은 물질들이 조금씩만 사라진다고 해도, 우주가 존재한 무한한 시간을 고려해보았을 때, 우주에 있는 모든 사물은 이미 사라지고 없어졌어야 한다. 그렇지만 지금 우주에는 많은 것들이 존재한다. 그렇다면 사물들이 무한히 쪼개질 수는 없으며, 그것들에 쪼개질 수 없는 한계가 있어야만 한다. 그것을 '자를 수 없다(not-cut, a-tom)'는 뜻으로 '원자(atom)'라고 부르자. 그 원자는 하나가 아닌 여러 종류가 있어야 한다고 가정된다. 그러한 가정이 옳다는 것을, 우리는 자연에 존재하는 다양한 사물들과 생명체들을 보고 추정할 수 있다. 다양한 것들이 탄생하려면, 그 구성하는 요소인 원자가 여러 종류로 있어야 하며, 그것들이 서로 결합하는 방식에 따라서 다양한 사물들과 생명이 탄생한다고 가정되기 때문이다.

그러한 가정에 따르면, 모든 물체는 물론 사람을 포함한 동물들도 물질 즉 원자와 진공으로 이루어져 있다. 그러므로 사람이 살다가 죽는다고 하더라도 영혼이 남는다고 생각할 수 없다. 나아가서 영혼이 존재한다고 믿는 사람들은 우리를 쓸데없이 두렵게 만든다. 이런 생각에서, 영혼이 거주하는 다른 세계를 기대하기보다, 우리 자신이 하나의 물질적 존재로서 그저 행복하게 사는 것이 바람직한 생활 태도일 수 있다. 그렇게 생각했던, 데모크리토스와 그 추종자 에피쿠로스를 포함하는 이들은 '쾌락주의(hedonism)'라 불린다. 그리고 사람들은 영국의 벤담이 주창했던 공리주의(utilitarianism)도

쾌락주의로 몰아간다. 그러나 그런 명칭보다, 그들을 '행복주의' 또는 '물질만족주의' 정도로 부르는 것이 더 적절해 보인다. 그들이 바람직한 삶으로 결코 방탕한 생활을 권하지 않기 때문이다. 오히려 그들은 행복을 위해 적절한 절제가 필요하다고 말한다.

다시 강조하건대, 위와 같이 고대 철학자들이 생각할 수 있었던 것은, 그들이 현대 학자들처럼 무언가 많은 것을 알았기 때문은 아니다. 그들은 단지 세계에 의문을 가지고 비판적으로 생각하는 것만으로 우주를 연구하였다. 무엇을 분명히 관찰하지 못한 상태에서 이론적으로 탐구했던 우주론은 따라서 철학의 영역에 속한다고 말할 수 있다. 그들이 약간의 관찰과 논리적 사고에 따라 결론을 이끄는 추론적 방법으로 탐구했기 때문이다. 반면에 근대 영국의 돌턴(John Dalton, 1766-1844) 이후 등장한 원자론은 실증적으로, 즉 실험을 통해 탐구된다. 그리고 요즘 미시적 물질을 탐구하는 학자들은 '입자가속기'라는 거대한 실험 장치를 활용한다. 그러므로 원자 이론은 이제 철학에서 과학기술의 영역으로 넘어갔다.

대략적으로 철학과 과학을 구분하자면, 과학자가 실험이나 관찰을 통해 분명히 말할 수 없음에도 불구하고, '논리적 정당성'에 의해 세계의 원리를 밝히려 노력한다면, 그것 역시 '철학'을 탐구하는 것이다. 이 같은 관점에서, 어떤 과학이론을 '처음 창조'하거나 '새로운 가설을 내놓은' 사람에 대해, 나는 그가 '철학한다(philosophize)'라고 인정할 수 있다.

* * *

그리스 학자들이 '우주의 궁극적 구성 원소가 무엇인지' 사변적 우주론으로 밝히려 했다는 점에서, 그들의 질문은 세계의 원리를 밝혀보려는 '거대한 질문'이었다. 그들이 어떤 생각을 했는지, 그 논리적 사유를 살펴보는 것은 흥미로운 일이다. 위와 같은 거대한 질문을 최초로 시작했던 학자는 탈레스였다. 그는 해변을 바라보며 아래와 같은 사색을 했을 것이다.

모든 생명체는 물이 없으면 죽는다. 물은 모든 생명체가 살아가는 데 필수 요소이며, 하늘에서 비가 내리면 그것은 모든 생명체를 살아가게 하고, 강으로 흘러들어 마침내 바다로 나아간다. 넓은 바다에 넘실대는 것은 온통 물이다. 이 세계의 대부분은 물이며, 그 물은 증발하여 공중으로 퍼져 나가며, 하늘로 올라가 구름이 되고, 다시 비로 내려 생명체들이 살아가도록 한다. 그런 측면에서, 세계를 구성하는 궁극적인 물질은 물이라고 가정된다.

위의 탈레스 생각에 문제가 있다고 지적한 사람은 바로 그의 제자 아낙시만드로스(Anaximandros, 기원전 611-545 추정)이다. 그 역시 이오니아의 밀레투스 사람이었고, 피타고라스를 가르친 스승으로 알려져 있기도 하다. 그는 아래와 같이 스승의 생각을 비판적으로 고려했다. 물이란 그저 물일 뿐이다. 세상에 있는 다양한 것들이 어떻게 물이란 한 가지 물질로부터 나올 수 있겠는가? 세상의 다양한 것들을 만들려면 그것들을 구성하는 물질들은 결코 특정한 것으로 규정되어 있지 않은 물질이어야 한다. 물이 되기 이전의 물질, 즉 아직 규정되지 않은 물질을 생각해볼 수 있으며, 그것을 '아페이론(apeiron)'이라고 하자. 마치 물이 차가워지면 얼음이 되듯이, 아페이론이 차가워지면 흙이 되어 대지를 이루며, 더워지면 공중으로 흩어져 대기로 바뀐다고 생각해야 한다. 그러니 이 세계의 만물을 만들어낼 수 있는 궁극적 물질은 '규정되어 있지 않은 물질' 즉 '아페이론'이어야 한다.

이러한 아낙시만드로스의 생각 역시 그의 제자 아낙시메네스 (Anaximenes, 기원전 585-528 추정)에 의해 비판적으로 이렇게 검토되었다. 만물이 규정된 물질인 물로부터 생겨난 것일 수 없다는 지적은 옳아 보인다. 그렇지만 우리는 '아페이론'이란 것이 무엇인지 느낄 수도 볼 수도 없다. 그것은 논리적으로 문제가 있다. 우리가 느낄 수 없는 것으로부터 느낄 수 있는 만물들이 만들어진다는 추론은 논리적으로 옳지 않다. 이 세상에는 특정한 물질로 규정되지 않았으면서도 우리가 느낄 수 있는 물질이 있는데, 그것은 바로 '공기'이다. 우리는 자기 손바닥에 바람을 불어보면 그 느낌을 알 수 있다. 공기를 눈으로 볼 수 없지만, 촉각으로 느낄 수 있으며, 그러면서도 그것은 특정한 물질로 규정되어 있지도 않다. 그러므로 우주의 궁극적 구성 원소는 '공기'라야 한다. 공기가 차가워지면 물방울이 만들어지고, 물방울이 차가워지면 얼음이 되기도 한다. 그리고 물방울을 데우면 공중으로 돌아간다.

그 이후로 엠페도클레스(Empedocles, 기원전 490-430)는 우주의 원소를 물, 불, 흙, 공기 등 넷으로 규정하였다. 그보다 후에 플라톤의 제자 아리스토텔레스는 위의 4원소 외에 본질과 같은 제5원소를 더하기도 하였다. 위와 같이 그리스의 여러 학자는 우주의 궁극적인 구성 물질이 무엇인지 대답하려 했다. 그렇지만 그러한 질문 자체가 잘못되었다고 비판적으로 생각한 학자가 있었다. 그가 바로 기하학자로 알려진 피타고라스이다.

■ 숫자로 보이는 세계

피타고라스(Pythagoras, 기원전 570-495 추정)는 이오니아의 밀레투스 출신이지만, 이집트를 여행하고 돌아와, 이오니아 부근의 사모스(Samos) 섬에서 피타고라스학파를 만들었다. 그렇지만 자신이 연구한 수학적 성과물을 순수한 수학 자체를 위해서보다 종교의 신비주의적 믿음에 활용하였다. 당시에 그 학파의 종교적 신념은 '세계는 모두 수학적(자연수) 관계를 갖는다'는 믿음이다. 그런데 '피타고라스의 정리'에 따르면, 정사각형의 한 변과 그 대각선과의 관계는 $\sqrt{2}$ 이다(그림 1-3). 그는 자연수로 표현할 수 없는 그러한 수를 '무리수(alogos)'라 불렀다. 그러한 수의 발견이 자신의 신념과는 어긋난다고 생각해서, 그는 누구라도 그 비밀을 학파 외부에 발설하지 못하게 하였다. 아무튼 이러한 피타고라스의 연구는 후에 플라톤 및 아리스토텔레스의 사상은 물론, 수학과 서양의 이성주의(합리주의)[8] 철학 발전에도 큰 영향을 끼쳤다.

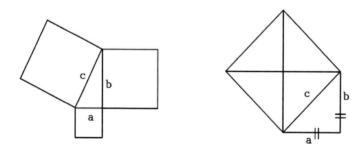

[그림 1-3] 피타고라스 정리를 보여주는 그림. 만약 'a = b'라면, 그리고 'a = 1'이라면, '$a^2 + b^2 = c^2$'은 'c^2 = 2'이며, 따라서 빗변의 길이가 'c = $\sqrt{2}$'이다.

일반적으로 피타고라스는 수학자 혹은 기하학자로만 널리 알려져 있지만, 앞서 이야기했듯이 그는 자신을 '필로소퍼(philosopher)'라고 칭했던 최초의 사람이다. 그 점에서 그를 철학자로 분류해도 이상할 것이 전혀 없다. 그는 다음과 같이 생각했다. 우주의 궁극적 물질이 무엇인지 묻고 대답하려는 시도는 모두 어리석다. 무엇보다 그 질문은 최종의 대답을 얻어낼 가능성이 없기 때문이다. 누군가 세계가 어떤 물질로 구성되어 있다고 대답한다고 해도 계속 질문이 이어질 것이다. 그것은 또 무엇으로 구성되어 있으며, 그리고 그 구성 물질은 또 무엇으로 구성되어 있느냐고. 이렇게 계속 질문이 이어질 것이므로 최종의 대답을 얻어낼 가능성이 없다. 그의 지적대로 원소에 대한 탐구는 아직도 진행 중이다. 과학자들은 과거에 원자가 궁극적 물질인 줄 알았지만, 원자의 구성 원소들을 밝혀내었고, 그들은 그보다 더욱 작은 미립자를 연구 중이다.

또한 '결정되어 있지 않은 물질'로 만물들이 구성되어 있다는 생각 역시 어리석다. 우리가 알아야 할 것은, 다만 세계의 궁극적 구성 원소 자체가 아니며, 세계의 다양한 것들이 어떻게 탄생했으며 세계 속에 있는 것들이 왜 그러한 모습이나 양태를 가지는지를 알고 싶기 때문이다. 그런데 결정되어 있지 않은 물질로부터 결정된 물질이 구성된다는 주장이 그러한 의문에 무슨 도움이 되겠는가? 간단히 말해서, 우리가 알려는 질문은 그저 어떤 물질이 있는지가 아니라, '왜 세계가 현재와 같은 모습으로 있는지', 그리고 '그것들이 어떻게 변화하는지'이기 때문이다. 예를 들어, 현악기의 같은 줄을 가지고도 우리는 다양한 소리를 낼 수 있다. 그 다양한 소리는 악기에 쓰인 '현의 길이의 차이'에서 나타난 것이다. 그러므로 변화하는 만물이 생성하는 참된 원인을 알기 위해서 앞선 철학자들의 질문을 아래와 같이 바꿔야 한다. "만물이 어떤 모습(모양)으로 되어 있는가?"

그의 입장에 따르면, 우주는 규칙적인 모습으로서의 질서를 갖는다. 그 질서는 수학적 정수로 나타나는 규칙이다. 그러므로 우주 모습의 궁극적 원인은 숫자이다. 즉, "만물은 곧 수(number)이다." 또한 사물들의 본성은 기하학적 구조에 따르며, 우리는 사물들을 기하학적 본성으로 살펴볼 수 있다. 그러므로 우리는 세계를 탐구하면서 '수학적 구조'를 알아보도록 노력해야 한다.

여기까지 이야기를 듣고 누군가는 아래와 같이 반문할 수 있다. "도대체 세상이 수로 되어 있다니, 그리고 세상이 기하학으로 되어 있다니 말이 되는가?" 짐작되는 위의 의문에 피타고라스의 편에서 (다소 억지스럽게) 아래와 같이 대답할 수 있다. 우리 모두 어린 시절에 그림을 어떻게 그렸는지 회상해보자. 집과 가족들을 그렸던 그림, 자동차와 비행기를 그렸던 그림을 떠올려보자. 어린이들은 지붕을 삼각형이나 평행사변형으로 그렸고, 벽을 사각형으로, 창문과 문도 사각형으로 그렸으며, 자동차와 비행기 역시 단순한 기하학적 도형으로 그렸다. 그런 그림들은 삼각형이나 사각형 그리고 원형을 가장 많이 활용한 것을 볼 수 있다. 그것은 바로 우리가 세상을 그렇게 보기 시작한다는 특성을 보여준다. 또한 삼각형은 숫자 3과 관련되고, 사각형은 숫자 4와 관련된다. 이런 관점에서 보면, 세계는 수학적인 도형으로 보이는 것 같다. [참고 2]

현대는 디지털 시대이다. 그 말은 모든 것들을 수학적으로 밝혀 설명하는 시대라는 의미도 포함한다. 요즈음 일기예보는 비 올 확률이 얼마인지 숫자로 알려준다. 그리고 여러 힘의 작용을 수학으로 계산함으로써, 정교한 기계 및 자동차와 비행기도 만들 수 있다.

나아가서, 모든 지식 혹은 정보가 컴퓨터의 숫자 조합으로 저장되고 전송된다. 그렇게 지금 우리는 모든 것을 수학적으로 바라볼 수 있는 시대에 산다. 그런 관점에서 우리는 고대의 피타고라스의 지혜를 높게 바라보지 않을 수 없다.

피타고라스로부터 큰 영향을 받은 인물이 바로 플라톤이다. 플라톤은 피타고라스의 기하학을 공부하고 가르쳤던 사람이었다. 플라톤을 이야기하기에 앞서 잠시 그의 스승인 소크라테스부터 살펴보자.

■ 진리의 기준

소크라테스(Socrates, 기원전 469 추정-399)가 살던 시기에 그리스 아테네는 학문의 중심지였으며, 따라서 그곳에서 공부하기 위해 변방으로부터 학생들이 모여들었다. 그들은 철학을 공부하면서 자연스럽게 논리적으로 토론하는 법을 배웠다. 그렇게 배운 논리적 토론 기술은 법정 다툼에 유용하게 활용되기도 하였다. 사실 지금도 변호사나 법률가가 되려면 반드시 공부해야 할 것이 철학의 논리학이다. 논리학이 누군가의 추론이 어떤 오류를 범하는지 아닌지를 분별하기 위해서 필수적이기 때문이다. 요즘 한국에서도 법학전문대학원의 선발 시험은 논리학 시험을 포함한다. 논리적인 토론을 훈련받은 변호사들은 법정에서 적잖이 유리했을 것이며, 그들은 남들의 변호를 맡아 돈을 벌 수 있었다. 이런 측면에서 보면 변호사란 남을 대신하여 말싸움을 벌이는 전문 직업이다.

그런데 오직 돈을 벌기 위해 철학을 공부하고 가르치는 사람들도 있었는데, 사람들은 그들을 '소피스트(sophist)'라 불렀다. 앞서 설명했듯이, '소피아(sophia)'란 말은 그리스어로 '지혜로움'이란 뜻이며, 따라서 '소피스트'란 '지혜로운 자' 혹은 '현자'를 의미하였다. 아마도 처음엔 소피스트란 그런 선생들을 가리켰을 것이다. 그렇지만 나중에 그들은 지나치게 돈을 탐하고 진정한 앎의 탐구에 관심을 기울이지 않는다는 나쁜 평가를 받게 되었다. 이후로 그 칭호는 조롱의 호칭이 되었다.

* * *

소피스트와 관련하여 흥미로운 논쟁의 일화 하나가 전해진다. 당시에 대표적 소피스트인 웅변가 프로타고라스(Protagoras, 기원전 485-410 추정)라는 인물이 있었다. 그는 학생들에게 법정의 변론술을 가르쳤는데, 어느 날 율라투스(Eulathus)라는 학생이 찾아와 공부를 가르쳐달라고 요청했다. 그러면서 그 학생은 지금은 수업료를 낼 돈이 없으니 우선 공부를 하고, 이후 변호사 사업을 시작해서 첫 송사에 이기면 돈을 갚겠노라고 약속했다. 그렇게 하여 선생은 공부를 가르쳤다. 그 학생은 공부를 마치고 변호사를 개업했지만, 송사를 맡지 못하여 밀린 수업료를 내지 못하고 있었다. 스승은 한참을 기다려도 제자가 돈을 갚지 않자, 그를 법정에 고발하였다. 그는 법정에서 제자에게 다음과 같은 논리로 당장 돈을 갚으라고 논리를 펼쳤다.

만약 이 재판에서 네가 나에게 승소한다면, 너는 첫 송사에서 이기면 돈을 지불하기로 약속했으므로 '약속에 따라서' 나에게 돈을 지불해야 한다.

그리고 만약 네가 이 재판에서 패소한다면, '이 재판에서 졌으므로' 나에게 돈을 지불해야 한다.

따라서 네가 이 재판에서 이기든 지든, 너는 나에게 돈을 지불해야 한다.

위의 논증은 딜레마 논법을 보여준다. 딜레마의 논리적 형식을 기호로 표현하면 아래와 같다.

$(P \rightarrow S) \cdot (Q \rightarrow T)$: "P라면 S하고, 그리고 Q라면 T하다."

$P \vee Q$: "그런데 P한 경우이거나, Q한 경우만 있다."

따라서 $S \vee T$: "따라서 S하거나 T해야만 한다."

(위의 사례에서 기호 S와 T는 동일한 내용, 즉 "돈을 지불해야 한다."를 가리킨다.)

위의 추론 형식은 참인 두 전제로부터 참인 결론을 추론하는 '타당한' 연역추론이다. 다시 말해서, 전제를 인정하면 결론을 인정하지 않을 수 없는 논리 형식이다. 그리고 어느 쪽을 선택하든 바람직하지 않은 결과가 나올 수밖에 없는 논증 내용을 담고 있다. 그러한 상황을 논리학자는 "딜레마에 빠졌다."라고 말한다. '딜레마 (dilemma)'란 '두 개의 뿔'이라는 뜻에서 나온 말로, 어느 편을 선택해도 뿔에 치인다는 나쁜 논리적 상황을 말한다. 딜레마에서 빠져나가는 방법이 몇 가지 알려져 있는데, 그중 한 방법을 그 제자가 보여주었다. 그는 똑같은 딜레마 논법으로 스승의 딜레마 논법을 맞받아쳤다.

만약 내가 이 재판에서 패소한다면, 승소할 경우에 돈을 갚기로 약속했으므로 '그 약속대로' 돈을 지불할 필요가 없다.

그리고 만약 내가 이 재판에서 승소한다면, '재판에서 이겼으므로' 돈을 갚을 필요가 없다.

따라서 나는 패소하든 승소하든, 돈을 지불할 필요가 없다.

제자의 논증 역시 위에서 기호로 표현한 딜레마 형식과 다르지 않다. 다만 스승의 이야기를 거꾸로 응수했을 뿐이다. 이러한 방어를 '역딜레마 논법'이라고 한다.

기왕에 딜레마 이야기가 나왔으니 일화 하나를 더 소개해보자. 그리스에서 정치가로 나서려는 아들을 말리려는 한 어머니가 있었다. 그 어머니는 아들에게 정치인이 되지 말라고 아래와 같은 딜레마 논법으로 설득하려 했다.

네가 만약 정치인이 되면, 남들처럼 거짓말을 일삼을 것이며, 그러면 신이 너를 증오할 것이다.

그리고 만약 네가 정치인이 되어 바른말을 하면, 사람들이 너를 싫어할 것이다.

너는 거짓말을 하거나 바른말을 해야 한다.

따라서 너는 그 어느 경우든 '미움을 받을' 것이다.

그러한 어머니의 논리에 대해 아들 역시 역딜레마 논법으로 아래와 같이 반박하였다.

내가 만약 정치인이 되어 거짓말을 하면, 사람들이 나를 좋아할 것입니다.

반대로 내가 만약 정치인이 되어 바른말을 하면, 신이 나를 좋아할 것입니다.

나는 바른말을 하거나 거짓말을 할 것입니다.

따라서 나는 어느 경우든 '사랑을 받을' 것입니다.

위의 일화를 통해서 당시에도 철학을 공부하는 사람들이 논리를 열심히 공부했다는 것을 알아볼 수 있다. 또한 옛날에도 사람들은 요즘처럼 정치인들이 구조적으로 거짓말해야 할 처지에 놓이기 쉽다는 것을 알았다는 것도 보여준다. 아마도 사람들은 정치인으로부터 진실보다는 원하는 말을 들으려 하기 때문일 것이다.

* * *

프로타고라스는 "인간은 만물의 척도이다."라는 말을 한 것으로 유명하다. 그의 말은 다음과 같은 관점에서 나온다. 옳고 그름을 판단하는 것은 인간이며, 그 판단의 기준에 '절대적' 근거가 없다. 따라서 어느 것도 절대적으로 옳은 것은 없다. 그런 관점을 사람들은 '상대주의(relativism)'라고 부른다. 사실 프로타고라스의 말이 상당히 일리 있긴 하다. 우리가 세계를 사실 그대로 바라본다고 말하기 어려우며, 각자의 가치 기준에서 세계를 해석하고 판단하기 때문이다. 그의 상대주의 관점을 다음과 같이 확대하여 이해할 수도 있다.

지식이란 세계에 대해 우리가 느낀 것 이상은 아니다. 언덕 위에 서서 불어오는 바람을 느끼며, 어떤 사람은 공기가 따뜻하다고 느낄 수도 있고, 다른 사람은 시원하다고 느낄 수도 있다. 그런 것을 생각해보면 사람마다 느끼는 것에 차이가 있을 수밖에 없다. 따라서 인간이 만물의 척도라면, 그 어떤 것도 절대적으로 참인 것은 없다고 봐야 한다. 사람들의 행동에 대해서도 그렇다. 사회마다 규범과 관습이 다르며, 특정 사회의 규범에서 옳다고 인정되는 행동이 다른 사회의 규범에서는 옳지 않다고 인정될 수 있다. 이런 점에서 우리는 특정 행동을 옳다 혹은 그르다고 말할 절대적 기준은 없다.

이러한 관점에 정면으로 대립했던 인물이 바로 소크라테스였다. 플라톤이 전하는 소크라테스의 생각에 따르면, 우리가 어떤 행동에 대해서 옳다 혹은 그르다고 말할 수 있는 것은 옳고 그름의 어떤 '기준'이 있어서이다. 예를 들어, 우리가 어떤 사람의 행동에 대해 "그 행동은 다른 사람의 행동보다 용감한 행동이다."라고 말할 경우, 우리는 '용감함'이 무엇인지 알고 있기에 말할 수 있다. "그의 행동은 정의롭지 못했다."라고 말하는 경우도 역시 '정의로움'을 알기에 말할 수 있다. 비록 우리가 그것이 무엇인지 분명히 밝힐 수 없다고 하더라도, 하여튼 '진리'와 같은 어떤 기준이 있어서 그렇게 말할 수 있다.

진리를 주장하는 소크라테스의 입장에서, 프로타고라스의 상대주의에 대해 다음과 같은 논박이 가능하다. 예를 들어, '거짓말쟁이의 역설'로 알려진 이야기로, 어느 크레타 사람이 "모든 크레타 사람은 거짓말쟁이다."라고 말하는 경우를 가정해보자. 그런 가정 상황에서, 그런 말을 한 크레타인은 자신도 그 거짓말쟁이에 속한다는 것을 알아야 한다. 만약 그가 한 말이 참이라면, 자신도 크레타인이므로 그 말은 거짓이다. 그와 같은 비판이 프로타고라스의 말, "모든 것이 상대적이다."에 적용된다. 만약 그의 말이 참이라면, 자신의 말도 상대적이라는 것을 인정해야 하고, 그렇다면 자신의 말도 진리가 아님을 인정해야 한다. 결국 프로타고라스의 말은 자신의 말을 스스로 부정하는 '자기모순'에 빠진다. 그러므로 "모든 것이 상대적이다."라는 말을 해서는 안 된다. 그런 관점에서 소크라테스의 제자 플라톤은, 우리가 무엇을 옳다 혹은 그르다고 말하기 위해서는 그 옳고 그름의 기준이 있어야 한다고 생각했다.

또한, 그러한 관점은 피타고라스의 기하학적 지식과 관련하여 아래와 같이 말할 수 있다. 우리가 '완전하지 않은' 삼각형을 보고 '불완전한' 원을 보지만, '완전한' 삼각형과 '완전한' 원의 모습이 무엇인지 안다. 그 완전한 원의 모습을 알기에 우리는 "이쪽보다 저쪽 원의 그림이 더 둥글다."라고 말할 수 있다. 마찬가지로, 우리 인간의 행동이 '적당히' 이해될 뿐이고, 어떤 인간의 행동에서도 '완전한' 경건함이나 선을 찾아볼 수 없지만, 우리는 그런 것이 무엇인지 알고 있다. 그러므로 우리는 그 기준에 따라서 "저쪽보다 이쪽의 행위가 더 옳다."라고 판단할 수 있다.

소크라테스는 직접 저술을 남기지 않았다. 그러므로 그의 인물됨에 대해서는 플라톤의 저술을 통해서 알려졌다. 플라톤의 저술에 따르면, 소크라테스는 옳은 말을 하는 성격이었으며, 당시의 정치가들에게 곤혹스러운 질문을 던졌던 인물이다.

당시 그리스 아테네는 민주주의 정치 상태에 있었으며, 따라서 당시의 정치인들은 표를 얻으려 사람들을 설득하려 했다.9) "나는 누구보다도 이 사회를 정의롭게 만들 것입니다. 그러니 여러분! 저에게 표를 주세요."

오늘날에도 그러하듯이 당시에 거의 모든 정치인은 그러한 말로 시민들의 표를 모으려 했다. 소크라테스는 그러한 정치인들을 찾아가 아래와 같은 식으로 질문했다. "당신이 이 사회를 정의롭게 하려는 사람이 맞지요? 그렇다면 당신은 누구보다도 '정의'가 무엇인지 잘 알고 있을 것입니다. 그러므로 나에게 '정의'가 무엇인지 설명해주시겠습니까?" (이 질문은 앞서 1장에서 말했던 비판적 사고 2에 해당한다. 당연하게 안다고 가정했던 것을 묻기 때문이다.)

이 질문에 어떤 정치인은 다음과 같은 식으로 대답했다. "정의로움이 뭐 별건가요. 남이 소중한 것을 맡겼다가 나중에 와서 다시 돌려달라고 했을 때, 그 물건이 그 사람의 것이니 돌려줄 경우, 그 행위에 대해 정의롭다고 할 수 있는 거죠."

그런 대답에 소크라테스는 다시 아래와 같이 비판적으로 질문했다. "그렇다면 제정신이었던 사람이 칼을 맡겨놓았다가, 나중에 돌아와서 누구를 죽이겠으니 자신의 칼을 돌려달라고 요구하면, 얼른 돌려주는 것이 진정한 정의로움이라고 할 수 있습니까? 또한 그런 것이 정의로움이라면, 결국 정의로움이 정직함이라고 할 수 있습니다. 그런데 나라의 기밀을 적국에게 알려주는 정직함도 정의롭다고 해야 할까요?" (이 질문은 1장에서 말했던 비판적 사고 1에 해당한다. 정치인의 논리에서 무엇이 오류인지를 보여주기 때문이다.)

그러한 반박에 그 정치인은 자신의 말을 수정해야 했다. "정의로움이란 친구나 국가를 위해서 이익이 되도록 행동하고, 적에게는 해롭게 되도록 행동하는 것이 정의로움이겠지요."

그런 대답에도 소크라테스의 비판적 질문은 멈추지 않고 계속된다. "당신의 논리대로라면, 결국 자신의 편을 이롭게 하고, 그렇지 않은 편을 해롭게 하는 것에 대해 정의롭다고 해야 합니다. 그리고 그런 논리대로라면 자신의 가족을 위해서는 이롭게 하면서 남의 가족을 위해서는 해롭게 하더라도 정의로움이라고 주장해야 합니다. 도대체 정의로움이란 것이 자기와 가깝다고 이롭게 해주는 것이라면, 그것을 진정한 정의로움이라고 말할 수 있겠습니까?" (이 질문 역시 비판적 사고 1에 해당한다.)

계속된 질문에 정치인은 짜증을 내며 다음과 같이 응대한다. "그렇다면 소크라테스 당신은 정의로움이 무엇인지 알고 있나요? 당신이 알고 있으면 스스로 말해보세요."

그 질문에 소크라테스는 간단히 대답한다. "나도 알지 못해서 질문하는 것입니다."

그런 대답에 그 정치인은 안도를 하면서 다음과 같이 말한다. "그것 봐요. 당신도 알지 못하지 않소. 그러니 내가 대답할 수 없는 것이 뭐 흠이 되겠어요? 소크라테스 당신이나 나나 같은 처지가 아닌가요?"

그 말에 지금까지 친절하게 말하던 소크라테스는 화나고 굳은 표정으로 다음과 같이 말한다. "당신과 나는 아주 큰 차이가 있습니다. 나는 내가 알지 못한다는 것을 알기에 함부로 사람들 앞에서 정의를 말하지 않습니다. 그런데 당신은 자신이 알지 못한다는 것조차 모르면서, 사람들 앞에서 정의를 실천할 사람이 자신이라고 내세웁니다."

소크라테스는 지금도 유적으로 남아 있는 델포이 신전에 쓰여 있던 말, "너 자신을 알라."를 좌우명으로 삼았다. 우리가 함부로 안다고 생각하는 것들이 사실은 알지 못한다는 것을 아는 것은 매우 중요한 인식이다. 일상적 사회생활에서 함부로 안다고 쉽게 자신하기보다 그렇지 못함을 자각함으로써, 다시 말해서 비판적으로 사고함으로써 우리는 진정한 문제를 발견하고, 그 해결 방안을 모색할 계기를 가진다.

정의로운 사회를 만들어야 한다고 말하기는 쉽지만, 정작 정의로운 사회가 무엇이냐는 질문에 우리가 대답하기는 어렵다. 이런 질문은 요즘 한국의 상황에서도 마찬가지로 던져진다. 진보와 보수로 나뉘어 서로 극렬하게 대립하며, 양쪽은 정의로운 사회를 위해 자신들의 주장이 설득되어야 한다고 말한다. 그렇지만 어떤 사회가 정의로운 사회이고 정의로움이 무엇인지에 대해 진지한 탐구나 반성적 사고는 하지 않는다. 지금과 같은 태도로는, 소크라테스가 지적하듯이, 근본적으로 각자의 이익만 염두에 둔 주장이기 쉽다. 이제부터라도 진지하게 이 사회가 '어떤' 사회로 나아가야 하는지, 그리고 그것이 '왜' 그러한지 철학적 논의를 시작해야 한다. 최종의 '정의로움'을 알아내지는 못하더라도, 그러한 논의로부터 우리는 어느 정도 사회적 합의를 할 수 있으며, 공허한 논쟁에서 벗어날 수 있기 때문이다.

당연하다고 여기는 것들에 대해서, 그리고 너무 잘 안다고 가정하는 것들에 대해서, 사실은 잘 모르고 있었다고 우리를 깨우치게 만드는 비판적 태도는, 앞에서 말했듯이, 가장 철학적인 태도이다. 그러면서도 이 태도는 모든 학문의 연구자들이 가져야 할 태도이기도 하다. 당연하게 가정하는 전제들을 의심해봄으로써, 우리는 새로운 시각에서 새로운 전제를 얻을 수 있으며, 그럼으로써 새로운 세계를 볼 관점을 얻을 수 있기 때문이다. 이것이 바로 서양의 거의 모든 학문 분야의 대가들이 자신의 연구를 철학적으로 반성하려 했던 이유일 것이다. (비판적 사고가 어떻게 창의성을 유도하는지 뇌과학에 근거한 신경철학적 설명은 이 책 4권 24장에서 다룬다.)

지금까지 내용은 다음에 플라톤을 말하기 위한 준비로 필요했다. 기하학자이며 철학자인 플라톤이 기하학자 피타고라스로부터, 그리고 철학자 소크라테스로부터 어떤 영향을 받았을지 알아보기 위함이었다. 플라톤은 피타고라스로부터 '참된 지식을 말할 기준이 있어야 한다'는 생각을, 그리고 소크라테스로부터는 '참된 행위를 말할 기준이 있어야 한다'는 생각을 얻었다. 플라톤은 그들의 생각을 어떻게 발전시켰을까? 이제 플라톤의 생각을 구체적으로 알아볼 준비가 되었다.

물론 그건 어린이들의 그림이고 우리가 세계를 수학적 도형으로 바라본다는 것은 좀 지나친 생각이라고 여겨질 수 있다. 그렇지만 피타고라스의 관점에서, 우리는 아래와 같이 생각해 볼 수 있다. 돌턴의 원자론이 나온 후로 우리는 '수소(H)'와 '산소(O)'가 결합하여 '물(H_2O)'이 된다는 것을 알게 되었다. 우리가 피타고라스의 관점에서 돌턴의 원자론을 관심 있게 살펴보아야 할 것은, 다만 물이 원자들로 구성되었다는 점이 아니라, 수소 원자 2개와 산소 원자 1개로 구성되었다는 수학적 구조이다. 그 수학적 구조로 인하여 물 분자는 아래 그림과 같은 기하학적 도형이 된다.

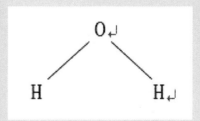

[그림 1-4] 물은 수소 2개 원자와 산소 1개 원자가 특정한 각도로 결합하여 구성된다. 이러한 이유로 물은 극성을 갖는다. 이러한 극성은 다른 분자들과 쉽게 결합함으로써 수용성을 가진다. 그렇게 많은 물질이 물에 녹는 이유가 설명된다.

그러한 기하학 도형을 알고서 우리는 자연현상에 대해 더 많이 설명할 수 있다. 물은 그 기하학 구조 때문에 극성을 갖는다. 그리고 물이 극성을 가지므로 자석처럼 자기장에 의해 이끌린다. 그리고 물 분자의 극성은 아주 중요한 다른 이해를 제공한다. 극성의 물 분자는 다른 원소들과 약한 힘으로 결합할 힘으로 '이온결합'을 가능하게 해준다. 물 분자가 소금과 이온결합을 할 수 있어서, 소금 덩어리는 아주 잘게 나누어져 물에 녹을 수 있다. 다시 말해서 물이 무엇을 녹게 하는 것은 바로 물의 극성 때문이다.

또한, 우리 몸의 대부분이 물일 정도로, 물은 우리 몸의 중요한 구성 성분이다. 그리고 그렇게 세포 내에 채워진 물은, 이온결합 성질 때문에 영양물질을 녹여 뭉치지 않고 떨어지게 하므로, 들어온 영양분을 이리저리 옮길 수 있게 해준다. 이러한 이유가 바로 물이 없으면 생명체가 살 수 없는 이유이기도 하며, 생명체 내부가 대부분 물로 채워져야 하는 이유이기도 하다.

그것만이 아니라, 만약 수소 2개와 산소 2개가 결합하면 '과산화수소(H_2O_2)'가 되어 물과 아주 다른 성질을 가진 물질이 된다. 과산화수소는 피부의 상처에 바르는 소독약으로 이용된다. 상처에 바르면 거품이 나며 상처 부위를 소독할 수 있는 것은 과산화수소에서 산소가 떨어져 나와 다른 물질과 쉽게 '산소결합'하기 때문이다. 결국 수학적 구조가 달라지면 그 성질도 따라서 달라진다는 것을 알 수 있다. 그러므로 세계에 대해 알려면 우리는 세계를 수학적 구조로 바라보아야 한다고 주장할 만하다.

다른 예로, 탄소끼리의 결합구조에 대해서도 생각해보자. 탄소는 결합구조에 따라서 '숯'도 되고, '흑연'도 되며, '다이아몬드'가 될 수도 있다. 그 세 가지 물질의 원소는 모두 같은 '탄소(C)'이지만, 그 기하학 구조가 어떤지에 따라서, 아주 약한 결합물(숯)이 될 수도, 강한 결합물(다이아몬드)이 될 수도 있다. 그러므로 그것이 왜 그러한 성질을 갖는지 알려면 기하학 구조를 알아보아야 한다.

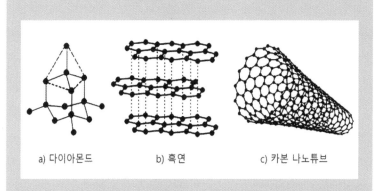

a) 다이아몬드   b) 흑연   c) 카본 나노튜브

[그림 1-5] 탄소 결합의 여러 구조물. a) 다이아몬드, b) 흑연, c) 카본 나노튜브10)

4장

기하학에서 철학으로(플라톤)

기하학을 배운 적이 없는 노예도 순서 있게 묻는 동안에, 가르
침이 없이, 기하학 진리를 발견할 수 있다.

_ 플라톤

■ 소크라테스의 죽음

플라톤(Plato, 기원전 428/427-348/347)이 전하는 이야기에 따르
면, 소크라테스는 조국 아테네의 장래를 많이 걱정했던 인물이었다.
당시 정치가들은 국민을 기만하며 자기 이득만을 취하려 하였고,
사람들 또한 각자 이익을 생각할 뿐 국가의 미래는 염두에 두지 않
았다. 그런 상황을 걱정했던 소크라테스는 우선 정치가들을 찾아다
니며 그들의 잘못과 무지를 지적하고, 그들에게 가르침을 주려 했
다. 그러자면 당연히 그들의 마음에 거슬리는 말을 적지 않게 해야
만 했다. 게다가 소크라테스의 지적을 못마땅해했던 정치인들 이외
에, 그를 달갑지 않게 생각했던 인물들이 적지 않았다. 그를 시기했
던 사람으로 민주주의 정치인 아뉘토스(Anytus)와 웅변가 뤼콘

(Lykon)이 있었다. 그들은 소크라테스가 국가의 신을 믿지 않으며, 제자들을 타락시키는 선생이라고 누명을 씌워 법정에 고발하였다. 법정은 시민들의 대표로 구성된 배심원들의 결정에 따라서 소크라테스에게 유죄를 선고하였으며, 그 결과 그에게 독약을 마시는 사형이 선고되었다. 그의 여러 제자는 스승을 구하기 위하여 간수를 매수하였고, 스승에게 사형이 집행되기 전에 탈출할 것을 권유했다. 그렇지만 그는 오히려 제자들을 이런 식으로 야단쳤다.

"너희들은 그동안 내가 가르친 것을 아직도 깨우치지 못했구나. 진정한 자기 자신은 육체에 있지 않으며, 정신에 있다고 가르치지 않았느냐. 내가 지금 탈출하더라도 이 늙은 몸이 어느 곳을 방황할 것이며, 얼마나 더 살겠느냐. 그리고 악법도 법이거늘 내가 탈옥을 하여 법을 어긴다면, 내가 스스로 떳떳할 수 있겠느냐. 지금 내가 탈출하여 육신은 며칠을 더 살겠지만, 그러면 정신적인 나 자신은 아주 죽고 만다. 그렇지만 여기서 내가 떳떳이 죽음을 맞이한다면 정신적인 나 자신은 영원히 살 것이다. 그러니 내가 지금 죽더라도 그 죽음을 슬퍼하지 말아라."

소크라테스의 말과 행동을 지켜본 간수가 눈물을 흘리며 미안해하면서 사약을 내밀지 못하자, 소크라테스는 간수를 위로하며, 사약을 받아 마시고 죽음을 받아들인다. 훗날 아테네에서는 소크라테스가 우려하고 걱정했던 일이 현실로 나타났다. 이웃인 마케도니아의 필립 왕에 의해 아테네는 정복되었고, 필립 왕의 아들인 알렉산더 왕의 지배를 받게 되었다. 실제로 소크라테스 한 사람보다 아테네인 대부분이 어리석었다고 오늘날 우리는 이야기한다. 그리고 지금도 우리가 소크라테스 이름을 말하고 있으니 정신적인 소크라테스는 영원히 살아 있다고 할 만하다.

플라톤은 스승 소크라테스를 죽게 했던 당시 민주정치에 크게 실망했다. 물론 현대에 우리는 일반적으로 모든 시민이 참여하는 민주제도가 아주 좋은 정치 형태라고 생각하지만, 플라톤에게는 그럴 만한 이유가 있었다. 그는 자신의 스승에게 누명을 씌워 법정에 고발했던 사람들을 미워했고, 그 재판에서 유죄판결을 내렸던 시민의 대표 배심원들을 원망했다. 그리고 어리석은 시민들이 재판에 중요한 역할을 담당하게 하는 사회제도를 원망했다. 플라톤은 자신의 스승이 유죄판결을 받은 것을 수용하기 어려웠다. 비록 소크라테스가 국가의 장래를 많이 걱정하여 정치가들과 시민들을 깨우치도록 그들에게 불편한 바른말을 하기는 했으나, 그런 이유로 사형에 처한다는 것은 지금 우리가 보아도 옳지 않다고 생각된다. 플라톤이 보기에 민주제도란 어리석은 국민에 의해 국가의 의사결정이 이루어지는 정치제도일 뿐이었다.

사실 요즘의 민주제도에서도 위와 유사한 경우를 볼 수 있다. 정치가들은 국민의 감정에 호소하거나, 국민이 듣고 싶어 하는 무리한 정치적 공약을 내건다. 그러나 일단 자신들이 권력을 쟁취하기만 하면, 국가의 이익보다 자신의 이익을 우선시하는 경우를 드물지 않게 볼 수 있다. 그럴 경우, 그 책임이 그 정치가에게만 있다고 할 수만은 없다. 어리석은 선택을 한 국민 역시 책임이 있다. 또한 일부 국민은 당시의 감정에 치우쳐, 혹은 자신들의 집단적 이익을 위해, 정의라는 이름을 걸고 국가나 사회 전체의 이익을 해치는 결정을 거리낌 없이 선택한다. 이런 결정을 하는 것은 '(소)집단이기주의'이다. [참고 3]

오늘날 민주제도란, 국민의 투표에 의해서, 혹은 언론의 조사나 발표에 의해서 국민의 의견을 모으고, 그 의견에 따라서 나라의 중요한 정책을 결정하는 제도로, 대부분 사람이 가장 소망하는 통치 형태라고 생각된다. 그러나 플라톤이 보기에 그런 국가는 대다수 어리석은 사람들에 의해 잘못될 가능성이 높다. 우리가 몸이 아프면 의사에게 가서 치료를 받아야 하지, 대중에게 가서 묻지 않는 것처럼, 나라의 일에 관련해서 역시 대중보다는 똑똑한 현자에게 물어야 한다. 그러니 대중들의 의견에 따르는 민주정치는 우매한 정치 형태이다.

그의 주장에는 민주정치에 대한, 혹은 당시의 국민에 대한 원망이 있음을 볼 수 있다. 그렇지만 그의 생각을 그냥 무시하고 넘어갈 일은 아니다. 특정 사안에 대해 국민들의 감정적 행동은 자신들에게 해가 될 수 있으며, 정확하지 않은 정보에 의한 틀린 판단으로 극단적 행동으로 실천한다면, 그것이 매우 불행스러운 결과를 초래할 수 있다. 그러한 플라톤의 암시는 한번 마음에 새겨볼 만하다. 다만 과거와 지금은 시대적 상황에서 차이가 있다. 지금은 대중매체가 매우 발달하여 국민이 비교적 소상한 정보에 접할 수 있으며, 또한 과거보다 국민이 비교적 잘 교육되어, 우매하다기보다 나름 현명하다. 민주주의가 훌륭한 정치체제가 되려면, 국민이 현명해야 한다는 것을 우리는 플라톤으로부터 배울 수 있다.

* * *

플라톤은 기원전 380년에 저술한 『국가』에서 바람직한 정치제도가 무엇인지 나름 논리적으로 주장한다. 그 책에서 그는 여러 종류의 국가 통치 형태를 열거하며, 그 각각이 어떤 문제점을 가지는지를 설명한다. 그 책이 저술된 고대에 이미 미래에 나타날 국가의 모습들을 거의 모두 말하고 있으며, 최악의 정치가 무엇인지를 지적해주는 점에서 그의 예지력은 특별하다.

　플라톤의 주장에 따르면, 민주정치 이후 최종적으로 참주정치가 나타날 수 있으며, 대중으로부터 처음 인기를 얻지만, 그 정치는 참혹한 독재정치로 변형되어 그곳으로부터 국민이 벗어나기 매우 어렵다. 2천 년 전에 그가 참주정치에 대해 염려했음에도 불구하고, 결국 인류는 참주정치인 독재 공산주의를 탄생시켰다. 그리고 그런 국가의 국민들은 그런 정치 아래에서 오랜 세월 고통 받았다. 플라톤의 주장에 따르면, 그렇게 되기 전에 현자들이 다스리는 정치 형태, 그의 말에 따르면 '철인정치'를 해야 한다. 그가 말하는 철인정치란 자신과 같은 철학자가 통치하는 세계를 말한다. 물론 그러한 그의 주장 역시 너무 낙관적이며 이상적이다. 나는 그 책 뒤쪽 어딘가에서 오늘의 한국이 나아갈 방향을 제시해줄지 모른다는 기대를 하였지만, 나중에 그런 기대가 순진한 것이었음을 알게 되었다.

[참고 4]

　플라톤은 참다운 철학자가 정권을 장악해야 하며, 그것도 강한 통치력으로 지배해야 한다고 주장했다. 그렇지 않다면, 정치적 권력을 소유한 자가 철학가이어야 한다. 만약 그 어느 쪽으로도 실현되지 않으면, 세상의 혼란을 막을 수 없다. 이러한 플라톤의 주장이 극단적이긴 하지만 어느 정도 일리가 있기는 하다. 우리는 그의 주장으로부터 다음과 같은 교훈을 얻을 수 있다.

　국민은 사악한 자가 통치자가 되지 않도록 경계해야 하며, 정치가의 언행에서 진실과 거짓을 골라내는 비판적 능력을 길러, 언제든 그들의 말과 행동을 감시해야 한다. 국민은 그런 눈을 가지기 위해 다양한 공부를 해야 한다. 그중에도 특별히 어떤 주장이나 논증을 비판적으로 생각할 줄 아는 능력을 길러야 하며, 자기 자신의 생각과 추론 역시 비판적으로 생각할 줄 알아야 한다. 그러할 수 있으려면, 국민 모두 어느 정도 철학적으로 사고할 줄 알아야 한다. 이런 이야기는 플라톤의 주장으로부터 얻을 수 있는 지혜이다.

■ 기하학 지식의 근거

플라톤은 40세 무렵 아테네에 학교를 세우고, 그 학교 이름을 '아카데미(Academy)'라 붙였다. 그는 학교 교문 위에 "기하학을 모르는 자는 이 문에 들어서지 말라."고 써놓았다. 그것은 그 학교가 기하학을 중요하게 가르쳤음을 알려준다. 앞서 이야기했듯이, 그는 기하학을 가르치며 스스로 아래와 같이 질문하였다.

우리가 막대로 땅바닥에 그리는 '삼각형'이나 '원'의 도형들은 대략적인 모습일 뿐이다. 우리는 단 한 번도 완전한 모양의 도형을 그려본 적이 없으며, 따라서 그런 완전한 모습을 직접 본 적이 없다. 그렇지만 우리는 완전한 도형들의 모습이 무엇인지 안다. 둥근 쟁반을 만드는 사람은 언제나 조금이라도 더 완전한 원형으로 만들려고 노력한다. 그것은 우리가 완전한 원의 모습을 본 적이 없지만, 그 모습이 무엇인지 이미 알기 때문이다. 그런데 우리가 그것을 어떻게 알았는가?

그리고 우리는 불완전한 모습으로부터 완전한 모습을 볼 수 있다고 추론하기는 어렵다. 오히려 도형의 완전한 모습으로부터 완전하지 못한 실제의 도형들의 모습을 알아볼 수 있다고 해야 한다. 우리가 땅에 그린 삼각형의 도형을 알아보려면, 이미 삼각형의 모습이 무엇인지 알아야 한다. 사각형의 도형을 그것으로 알아보기 위해서도 역시 사각형 자체가 무엇인지 이미 알아야 한다. 그렇지만 우리가 한 번도 직접 본 적이 없는 그것들을 어떻게 알고 있는가? 다시 말해서, 그 완전한 모습의 앎을 어떻게 직접 경험하지 않고서도 가질 수 있었는가?

위의 의문이 갖는 의미를 조금 더 잘 이해하도록 아래와 같이 다시 구성하여 생각해보자. 우리가 바라보는 것은 오직 세계 내에서 시시각각 변화하는 모습인 '현상'뿐이다. 우리가 그 현상들로부터 완전한 '실재' 즉 '진리'를 얻을 가능성은 없어 보인다. 그런데도 우리는 알고 있는 진리들이 있다. 그 진리를 우리는 어떻게 알았단 말인가?

이러한 의문에 대해 플라톤은 '이데아의 세계'를 가정하여 대답한다. 그를 포함하여 당시 일부 사람들은 영혼이 죽지 않으며 윤회한다고 믿었다. 사실 요즘에도 그런 믿음을 갖는 사람들이 있다. 그런 배경에서 그는 다음과 같이 생각하였다. 우리 영혼은 태어나기 이전에 '완벽한 이상적 세계'인 '이데아의 세계'에 있었다. 그곳에서 모든 진리를 보았지만, 태어나면서 모두 잊었다. 그렇지만 우리는 어떤 계기로 그 잊은 것들을 회상해낼 수 있다. 어린아이들에게 무엇이든 몇 번만 사례를 이야기해주면, 그것과 다른 모습의 새로운 것들도 그것에 속하는지를 단번에 분별해낸다. 그것은 그들이 잊었던 진리의 모습들을 회상해낼 수 있기 때문이다. 이와 같은 플라톤의 가정을 '상기설'이라고 부른다.

예를 들어, 어느 집 창문의 모양을 보면서 어린아이에게 "저것이 사각형 모양이다."라고 말해주고, 다시 어느 책상을 보면서 "이것도 사각형이야."라고 이야기해주는 등 몇 번만 사례를 들어주면, 그 아이는 이내 '사각형'이 무엇인지 알아챌 것이다. 즉, '사각형'이란 개

126

넘을 갖는다. 일단 그 개념을 알기만 하면, 그다음부터는 그 아이는 처음 보는 다른 사물에 대해서도 "저것도 사각형이지?"라고 확인하려 들 것이다. 그것은 그 아이의 영혼이 '이데아의 세계'에서 완전한 사각형의 모습을 미리 보았기에 가능하다. 우리가 사각형이 무엇인지 배우기 위해서 세상에 있는 모든 사각형을 보거나 경험해야할 필요는 없다. 단지 몇 개의 사례를 들어주기만 해도 그것이 무엇인지 알 수 있다. 이런 측면에서 좋은 교육자란 학생들이 '개념'을 쉽게 터득하도록 적절한 예를 보여줄 수 있는 선생이라는 주장이 가능하다.

플라톤의 이데아 이야기는 사실 지금 시대의 우리가 보기에 우스꽝스러운 학설로 보인다. 정상적으로 현대 교육을 받은 사람이라면 누구라도 그의 설명에 설득되기 어렵다. 그런데도 현대 철학자 화이트헤드는 "서양의 철학사 전체가 플라톤의 주석서에 불과하다."라고 말했다. 그 말은 플라톤이 철학의 핵심 질문을 하였으며, 이후 서양 철학자 대부분이 플라톤의 주장을 조금씩 개선하거나 부가적 설명을 첨가해왔다는 의미로 들린다. 화이트헤드의 말이 많은 저술에 인용되는 것을 보면, 플라톤에 대한 그의 평가에 사실상 많은 현대 철학자들이 거의 동의하는 듯하다.

플라톤을 현대식으로 이해하자면, 우리가 사물을 알아볼 때 이미 그 사물들에 대한 '개념'을 가지고 사물들을 본다. 책상을 책상으로 알아보기 위해서는 이미 책상이 무엇인지 알고 있어야 한다. 또한 종이 위에 각기 다른 여러 모양의 삼각형을 그릴 수 있지만, 그것들을 우리가 '삼각형'이라고 말할 수 있는 것은 삼각형이라는 그 '개념'을 알기 때문이다. 그의 질문, 즉 우리가 어떻게 '개념'을 가질 수 있는지 의문에 대해서 오랜 세월 서양 학자들이 대답하려 했으며, 또한 개념 자체가 무엇인지 설명하려고 노력했지만, 아직 명확히 밝혀내지는 못했다. 이러한 플라톤의 생각이 어떻게 중요한 의미를 갖는지 조금 더 구체적으로 이야기해보자.

앞서 이야기했듯이 '개념'이란 직접적으로 관찰되는 대상이 아니며, 이성적으로 파악되는 지식이다. 과학자들은 관찰을 통해서 개념을 얻을 수 있다고 하지만, 그것이 어떻게 가능한가? 이것은 과학에 관심 있는 많은 철학자가 지금까지 궁금해했던 질문이다. 그것이 궁금했던 까닭은 감각적 '관찰'로부터 과학의 추상적 '개념'을 어떻게 얻어내는지 설명하는 일이기 때문이다. 그리고 그것은 곧 과학의 발전 자체가 어떻게 이루어지는지를 설명하는 중요한 단서가 되기 때문이다.

인류는 아직 '개념'이 무엇인지 제대로 알지 못하여, 아래와 같은 어려움에 직면한다. 현대 과학자들은 일상적인 언어를 이해할 수 있는 컴퓨터나 로봇을 만들고 싶어 한다. 그럴 수만 있다면 컴퓨터 혹은 로봇이 우리와 대화를 주고받을 수 있을 것이다. 그렇게 하려면 컴퓨터가 우리 언어를 '이해'해야 하는데, 컴퓨터가 언어를 '이해'하려면 '개념'을 가져야 한다. 그리고 컴퓨터를 그렇게 만들려면 우리 자신부터 '개념'이 무엇인지 명확히 밝혀야 한다. 현재 일부 컴퓨터나 전화기에 '음성 인식' 기술이 적용되기는 하지만, 아직 '개념'을 이해하는 수준과는 상당히 거리가 있다. 그렇게 오랜 세월 서양 철학자들이 밝히려 했던 문제는 현대 과학의 발전을 위해서도 여전히 중요한 문제이다.

그 문제를 조금 확대하여 말하자면, 우리는 수많은 과학 지식을 발전시키고 있지만, '지식' 자체가 무엇이며 어떻게 얻어지는 것인지 등을 아직 제대로 밝혀내지 못하고 있다. 현대 과학 발전을 위해서도 플라톤이 궁금해했던 문제를 어떻게든 해결해야 한다. 그러한 측면에서도, 서양 철학사는 플라톤 철학의 주석서라는 화이트헤드의 말에 수긍할 만하다.

한편, 플라톤은 기하학에서 찾은 '참된 지식'의 모습에서 아래와 같은 이야기를 전한다. 예를 들어, 토끼의 그림자는 토끼의 모습에 가깝기는 하지만 토끼의 모습일 수는 없다. 다만 토끼의 모습을 닮은 것에 불과하다. 그렇듯이 실제로 그린 도형이나 실제의 사물의 모습도 완벽한 도형의 모습을 닮은 것에 불과하다. 다시 말해서 우리 지식은 낮은 수준에서 높은 수준으로 올라가면서, 점차 참된 정도의 차이가 있다. 그는 우리의 지식이 여러 수준으로 구분된다는 것을 아래와 같은 동굴의 상황에 비유하여 상징적으로 이야기한다. 그의 이야기를 이해하기 쉽게 풀어보자.

플라톤이 가정하는 상황은 이렇다. 태어날 때부터 동굴에 갇혀 살아왔으며, 처음부터 오로지 동굴의 벽만을 바라보도록 묶여 있는 죄수들이 있었다. 그런 죄수들의 등 뒤로 간수들이 모닥불을 피워 놓고 여러 동물 및 사물 모형을 이리저리 움직이면, 그들은 오직 눈앞의 벽면에 비치는 '그림자'를 볼 수 있다. 그 죄수들은 그 그림자의 모습이 세계의 모든 진실이라고 생각할 것이다.

그런데 어느 날 갑자기 그 죄수들이 속박에서 풀려나 간수들이 들고 있는 여러 '모형'을 보게 된다면, 지금까지 알고 있었던 것이 사실은 그 모형들의 그림자에 불과하다는 것을 알게 된다.

그 후 어떤 이유로든 그들이 동굴 밖으로 나올 수 있었다고 가정해보자. 생전 처음 밝은 태양 빛으로 나오므로, 처음엔 눈이 아파 고통스러워할 수도 있다. 그래서 그들 중 일부는 차라리 동굴 속으로 돌아갈 수도 있다. 그렇지만 그들 중 다른 일부는 그 고통을 무

[그림 1-6] 플라톤의 동굴

릅쓰고 밖으로 나와 세상을 보게 된다면, 어떤 일이 벌어질지 상상해보자. 그들은 초록색 들판과 남색 호수와 푸른 하늘과 흰 구름 등을 볼 것이며, 뛰어다니고 날아다니는 '실제 동물이나 사물'을 볼 수 있다. 그렇게 되면, 그들은 동굴에서 보았던 동물이나 사물의 모형 역시 참된 것이 아니며, 바로 눈앞에 펼쳐진 것들이 진실한 모습임을 비로소 알게 된다.

나아가서 그들의 눈이 밝은 빛에 상당히 적응하여 '태양'도 바라볼 수 있게 된다면, 그리고 눈앞에 보이는 이 세상의 만물이 바로 그 태양의 힘으로 생겨난 것임을 알게 된다면, 최고의 참된 것에 가까이 다가가 진실을 보게 되었다고 비로소 말할 수 있을 것이다.

위와 같은 동굴 이야기를 통해서 플라톤이 말하려는 것은 아래와 같이 요약된다. 앎에는 여러 '수준'이 있으며, 만약 아직 높은 수준의 앎을 경험하지 못한 사람들이라면, 그들은 결코 그런 참된 앎의 세계가 있는 줄도 모를 것이다. 만약 새로운 참된 것을 추구하려 한다면, 동굴의 입구를 찾을 수 있으며, 마침내 자신들이 가진 생각의 굴레에서 벗어나 진실의 세계를 볼 수 있다. 그렇게 하는 것이 비록 고통스럽고 힘들더라도, 그들은 지적 탐구의 기쁨을 느낄 것이다. [참고 5]

플라톤은 동굴 이야기에서 '앎'을 네 수준으로 구분했다. 첫째는 '그림자'와 같은 것에 대한 앎이다. 그림자는 사물에 의해서 나타나는 것일 뿐, 사물의 모습을 완전히 보여주지는 못한다. 우리는 세상에 있지도 않은 것을 공상적으로 떠올릴 수도 있다. 그런 공상적인 앎은 그림자와 같은 가장 낮은 수준의 앎이다.

둘째는 그림자를 보여줄 수 있는 '모형'에 대한 앎이다. 그것은 우리가 눈으로 볼 수 있는 '개별적'인 것들에 대한 앎을 상징한다. 우리가 그리는 도형 원의 모습은 모두 조금씩 다르며 완벽한 원의 모습은 아니다. 또한 사물에서 볼 수 있는 도형의 모습은 그 사물이 파괴되면 함께 사라진다. 그런 측면에서 개별적인 것에 대한 앎은 시간적 제약이 있어 영원하지 않다. 플라톤은 그 개별적인 것들은 진리가 아니라고 생각했다. 경험을 통해 감각적으로 알 수 있는 앎이란 모두 그러한 것들이다. 그것을 그는 '속견(opinion, doxa)'이라고 했다. 진리라면 시간적 제약을 받지 않는 영원한 것이어야 한다는 생각에서이다.

셋째로, 높은 수준의 앎으로는 참다운 앎의 대상이 있는데, 대표적으로 '산술'의 지식과 '기하학'의 지식이다. 우리는 그것을 이성적으로 혹은 마음으로 알 수 있으며, 그것은 사람마다 서로 다르게 가질 수 없으며, 언제라도 그 개념을 떠올릴 때마다 완전한 모습을 마음속에 그려낼 수 있다. 그러므로 그것은 참되고 영원한 특성을 갖는다. 플라톤은 산술적 지식과 기하학적 지식은 참된 '지식(knowledge, episteme)'이라고 했다. 철학자들은 앞의 개별적 도형의 모습을 '개별자(particular)'라고 말하며, 반면에 뒤의 개념적 도형의 모습을 '보편자(universal)'라고 말한다.

넷째로, 가장 높은 수준의 앎은 위의 기하학적 앎을 가능하게 하는 것으로, 이데아의 세계에 있는 것들이다. 우리 영혼이 세계에 태어나기 전 머물던 이데아의 세계는 현재 우리의 참된 지식을 알게 해줄 근원적 원인이다.

플라톤의 생각에 따르면, 위의 셋째인 '참된 앎' 즉 '지식'은 감각적 경험을 통해서는 알 수 없으며, 오히려 감각적 경험을 가능하게 하는 지식이다. 예를 들어, 우리는 실제로 사과 2개와 사과 3개를 더 가질 경우에만 그 합이 5임을 아는 것은 아니다. 오히려 '2 + 3 = 5'라는 '보편적'인 산술적 지식을 알고 난 후, 그 지식을 통해서 어떤 사물이든 그것들의 수를 계산해낼 수 있다. 그 산술적 지식은 그 참을 부정할 수 없다. 다시 말해서, 숫자 2와 숫자 3을 더하면 숫자 5가 아닐 수 없다. 이것을 철학자들은 '필연적으로 참인(necessary true)' 지식이라고 말한다.

플라톤의 주장대로, 우리는 눈에 보이지 않는 개념 지식을 가지며, 그 개념 지식이 어떤 의미로든 '실재한다'는 생각이 어느 정도 이해는 된다. 눈에 보이지 않지만 완전한 원을 안다고 할 수 있듯이, 우리가 알고 있는 수학적 지식과 같은 완전한 지식이 있다는 점을 인정해보자. 그렇지만 그러한 지식을 가능하게 해줄 근거로 플라톤이 '이데아' 혹은 '상기설'과 같은 것을 가정한 것은 너무 허술한 생각이 아닌지 의심해볼 수 있다. 아마도 지금 사회에 누구든 그러한 공상의 세계가 존재한다는 가정에 동의하기는 어려워 보인다. 그는 왜 그러한 생각을 하게 되었을까? 이러한 의문에 대답을 찾아보기 위해서, 플라톤의 논리적 생각을 아래와 같이 따라가보자.

첫째, 우리가 어떤 견해를 옳다 또는 그르다고 평가할 수 있으려면, 그 평가 기준이 되는 '참된 실재(true reality)'가 존재해야만 한다. 그래야만 그것을 기준으로 무엇이든 옳고 그름의 판단이 가능하기 때문이다.

둘째, 그런 것을 우리가 진리라고 말한다면, 그 말이 의미하듯 그것은 영원한 절대불변의 것이어야 한다.

셋째, 그 절대불변의 진리는, 변화하는, 즉 영원하지 못한 현상의 세계에 있는 것일 수 없다. 현상의 세계에 있는 것들이 참과 거짓을 보증하는 진리일 수 없다.

넷째, 그렇다고 그것이 인간의 마음속에 있는 어떤 것일 수도 없다. 각자의 마음속의 주관적인 것들은 절대불변의 객관성을 갖지 못하기 때문이다.

다섯째, 그렇게 절대불변의 진리는 현상 세계에 있거나 인간의 마음에 있는 것이 아니다. 그렇지만 참과 거짓을 가릴 수 있는 기준으로서 절대불변의 진리는 어딘가에 있어야만 한다.

여섯째, 따라서 절대불변의 진리를 제공해줄 '이데아'의 세계가 어디에든 있어야만 한다. 그 세계는 현상의 세계에 있는 개별적 앎과 도덕적 행동의 기준이 되는 보편적 원리로서 존재해야만 한다.

이상의 이야기를 통해 플라톤의 생각에 나름 엄격한 논리가 있음을 알아볼 수 있다. 누구라도 위의 논리적 사고에 대해 논박하기 쉽지 않다. 그렇지만 위와 같은 플라톤의 논리적 생각에 어떤 비판적 지적이 있었는가?

■ 진리란 무엇인가

위와 같은 플라톤의 주장을 비판적으로 검토해보려면, 우리는 그 주장이 근거하는 기초 가정 자체가 무엇이고, 그 가정이 어떤 결함을 갖지 않을지 살펴보아야 한다. 플라톤의 가정과 그 논리적 문제는 아래와 같이 분석된다.

첫째, 우리가 어떤 평가나 판단을 할 수 있으려면, 그것을 위해 기준이 있어야 하며, 따라서 진리로서 실재가 존재해야 한다. 과연 그러한가? 이러한 플라톤의 가정, 즉 "무엇의 옳고 그름에 대한 엄격한 기준이 꼭 존재해야 한다."는 가정을 비판적으로 생각해보자. 예를 들어, 그의 입장에 따르면, 두 사람 '철수'와 '길수'가 모두 '사람'이라고 우리가 인식하기 위해서 혹은 판단하기 위해서, 그 두 개별자에 대한 기준으로서 보편자인 '사람'이 존재해야만 한다. 그렇지만 그런 가정의 논리를 적용해서 그 가정 자체의 문제가 지적될 수 있다. 예를 들어, 개별자인 '철수'가 보편자인 '사람'과 같은지를 우리가 어떻게 알 수 있을까? 다시 말해서 '철수'와 '길수' 모두가 사람이라고 우리가 판정할 기준으로 '사람'이 존재해야 한다면, 역시 '철수'가 '사람'인지를 판정하기 위한 기준으로서 어떤 존재가 다시 가정되어야 한다. 그리고 그 기준이 다시 '철수'와 동일하다고 말할 수 있으려면, 또 다른 기준인 무엇이 존재해야 한다. 그러니까 플라톤의 논리대로 계속 밀고 나가면, 무한히 많은 기준으로 무엇이 존재해야 한다. 물론 플라톤이 이런 지적을 인정하기 어렵겠지만, 아무튼 그의 논리대로 플라톤을 공격하는 것은 가능하다. 플라톤에 대한 이런 논박은 '제3 인간 논변(the third man argument)'이라 불린다.

둘째, 플라톤의 가정에 따르면, 진리란 영원히 변치 않는 것이어야 한다. 과연 그러한가? 학문의 모든 분야에서, 그리고 인간이 갖는 지식의 모든 분야에서, '영원히 변치 않는' 절대불변의 지식인 진리가 있을지 의심해보자. 만약 '진리'라는 말을 다른 관점에서 이해한다면, 우리는 플라톤의 입장을 지지하기 어려워진다. 일반적으로 우리는 '진리'가 무엇을 의미하는지 잘 안다고 가정한다. 그렇지만 철학의 비판적 태도에서 다시 질문해보자. 진리가 무엇일까? 이 질문을 조금 더 구체적으로 다음과 같이 물어보자. 우리는 무엇을 진리라고 말하며, 그 진리라는 것은 왜 진리인가? 물론 진리란 틀릴 수 없는 참인 지식을 말한다. 그런데 무엇을 참이라고 말할 수 있는가? 그리고 참인 것은 어떤 이유로 참이라고 말할 수 있는가? 철학자들이 말하는 진리에 대한 여러 학설이 있지만, 그중 대표적으로 세 가지를 소개해보자.

첫째로 '진리대응설(correspondence theory of truth)'에 따르면, 우리가 무엇을 참이라고 말할 수 있는 것은 어떤 '말(명제)'이 '사실(관찰)'과 일치하기 때문이다. 예를 들어, "오늘 날씨가 맑다."라는 말이 참인 이유는 '오늘 날씨가 맑은 사실'과 일치하기 때문이다.

둘째로 '진리정합설(coherence theory of truth)'에 따르면, 특정한 말(명제)은 참이라고 가정되는 다른 말(명제)과 논리적으로 일관성이 있어서 참이다. 비록 우리가, 특정한 말이 직접 경험으로 사실과 일치하는지 알 수 없더라도, 이미 알고 있는 다른 여러 지식에 비추어 논리적으로 설명된다면, 그것을 참이라고 인정할 수 있다. 예를 들어, 태양의 크기가 지구의 크기의 약 3천 배가 된다는 주장이 참이라고 믿어지는데, 그것을 우리는 직접 측정하여 안 것은 아니다. 이미 아는 지식에 비추어 논리적으로 계산하여 파악된 것이다. 즉, 이미 인정된 지식과 논리적 혹은 합리적으로 인정된다면, 그것을 (실제로 측정할 수 없지만) 참이라고 인정할 수 있다.

셋째로 '프래그머티즘 진리설(pragmatic theory of truth, 진리실용설)'에 따르면, 어떤 과학이론을 설명하는 말(명제)이 참인지 거짓인지는 그 이론이 얼마나 유용한지에 따라서 결정된다. 여기서 말하는 '유용성'은 일상생활에 얼마나 편리한지를 의미하지 않으며, 특정한 이론 혹은 가설이 많은 다양한 실험 자료 혹은 현상을 잘 설명해주는 데 얼마나 유용한지를 의미한다. 예를 들어, 코페르니쿠스의 지동설이 참이라고 인정된 것은, 그 이론이 과거의 이론보다 천체의 운동을 더욱 폭넓게 설명하는 단순성과 경제성(편리성)을 가지기 때문이다. (더 자세한 내용을 3권 16장에서 다룬다.)

결론적으로, 만약 우리가 프래그머티즘 진리설을 받아들인다면, 플라톤과 같은 절대불변의 진리를 인정하지 않을 것이다. 과학 지식이 발전하거나, 혹은 발전을 인정하지 않더라도 적어도 변화하기 때문이다. 그러므로 진리가 거주하는 '이데아의 세계'가 존재한다는 플라톤의 생각을 우리가 수용해야 할 이유가 사라진다.

* * *

이와 같은 비판에도 불구하고, 플라톤의 철학이 후대에 많은 영향을 준 것은 사실이다. 그의 관점에서 수학 혹은 기하학 등의 앎이 옳은지는 경험적으로 파악되기보다 마음의 눈, 즉 '이성적'으로 파악된다. 그리고 그런 앎은 '그렇지 않을 수 없다'는 측면에서 '필연적'으로 참이다. 그런 종류의 앎에 대한 그의 인식은 후대에 데카르트로 계승되고, 뉴턴에 영향을 미쳤으며, 칸트를 탄생시켰으며,

러셀을 탄생시켰다. 그렇게 수학적 지식의 특성에 대한 그의 반성적 사고는 서양 철학사에서 최근에 이르기까지 주목받았다.

현대 프래그머티즘 철학이 나오면서 그의 관점에 심각한 비판과 함께 새로운 인식이 나왔다. 그렇지만 '개념이 실재한다'는 플라톤의 주장은 서양 철학사를 통해 계속 논쟁거리였으며, 현재에도 변화된 모습으로 지속되고 있는 쟁점이다. 예를 들어, 뉴턴 중력의 법칙에서 나온 과학적 개념을 생각해보자. "지구의 질량과 달의 질량에 비례한 힘으로 달과 지구는 서로 끌어당긴다. 즉, 달의 질량(m) × 지구의 질량(M) ∝ 중력 에너지(E)"

하나의 관점(플라톤과 유사하지만 다른)에 따르면, '중력' 혹은 '중력 에너지'는 단지 '언어적 개념'에 불과한 것이 아니다. 그것이 가리키는 '것'이 존재한다고 믿어지기 때문이다. 그러므로 위의 법칙에 대응하는 '실재(reality)'가 세계에 존재한다고 주장될 수 있다. 비록 우리가 그 개념과 법칙을 만질 수 있거나 직접 눈으로 볼 수 없지만, 세계에 실재한다. 그런 측면에서 과학의 개념들은 실재에 대응한다고 주장할 수 있다.

반면, 그 반대 입장에 따르면, 인정되는 과학이론과 개념들이 지금은 참으로 보이지만, 훗날 언제라도 학문의 새로운 발전과 발견에 따라서 부정될 수 있다. 그런 측면에서 과학 법칙은 단지 '가설'에 불과하며, 개념이란 언어적 표현일 뿐이다. 어느 과학이론이라도 우리가 필요로 하는 동안에만 활용되는 가설일 뿐이다. 따라서 법칙에 대응하는 것이 존재한다는 앞의 주장에 반대한다.

철학자들은 전자의 입장을 '과학적 실재론(scientific realism)'이라고 부르며, 후자의 입장을 '반실재론(antirealism)' 또는 '도구주의(instrumentalism)'라고 부른다. 지금까지 이야기를 들으면서, 누군가는 다시 이렇게 질문할 수 있다. 이러한 상반된 관점 또는 입장 중에 우리는 어느 편을 받아들여야 할까? 아쉽게도 이런 질문은 지금 알아보기에 너무 이르다. 많은 이야기가 필요하기 때문이다. (이러한 질문에 대한 논의는 이 책 전체에 걸쳐 다뤄진다.)

위와 같은 현대 철학의 존재론 논쟁을 고대에 시작했던 철학자가 바로 플라톤이다. 그러므로 서양 철학을 이해하려면 플라톤에서 시작해야 한다. 이제 플라톤의 특별한 제자가 스승의 철학을 어떻게 비판적으로 보았는지 알아보자. 서양 철학은 비판적 사고의 연속이었다. 비판적 사고는 학문 발전의 원동력이며, 창의적 사고의 원동력이다.

[참고 3]

여기서 잠시 '이기주의'와 관련하여 이야기해보자. 해외 선진국에 다녀본 적지 않은 사람들이 그 나라의 사람들은 질서를 아주 잘 지키며, 도덕적이라는 말을 한다. 그럼에도 한국에서 일반적인 생각으로는 서양 사람들이 '개인주의'를 가지며, 따라서 '이기주의자'라고 부정적으로 생각하는 경향도 있다. 분명히 그런 평가는 적절해 보이지 않는다. 공공의 질서를 잘 지키는 사람들이 개인주의라서 이기적이라는 말은 앞뒤가 맞지 않기 때문이다. 여기서 우리는 개인주의가 이기주의와 같은 부류에 들어가는지, 그리고 한국인들은 개인주의를 선호하지 않으므로 이기적이지 않다고 판단해도 좋을지 생각해보자.11) 아래와 같은 질문에 대답해보면서 비판적으로 생각해보자. 이기주의에 반대되는 말은 무엇인가? 그리고 개인주의에 반대되는 말은 무엇인가?

이기주의의 반대말은 남을 위해 희생할 줄 아는 '이타주의'이다. 또한 개인주의의 반대말은 '전체주의' 혹은 '집단주의'이다. 그와 같이 구분하고 나면, '이기주의'와 '개인주의'는 분류의 차원이 다르다는 것이 드러난다. 그러니까 누군가 개인주의자로서 이기주의자일 수도 이타주의자일 수도 있다. 또한 집단주의자 혹은 전체주의자로서 이기주의자일 수도 이타주의자일 수도 있다. 그것을 나열해보면 아래와 같다.

① 개인적 - 이기주의
② 개인적 - 이타주의

③ 집단적 - 이기주의
④ 집단적 - 이타주의

위와 같이 분류해놓고 보면 쉽게 분별할 수 있다. 이제 그 이해를 쉽게 하도록 예를 들어 각각을 이야기해보자.

첫째로, 남에게 해가 되더라도 자신의 이익에만 도움이 되면 상관없다는 식으로 행동하는 사람들이 있다. 대표적으로 부정행위를 하는 공무원과 같은 사람이다. 그들은 특정한 사람에게 세금을 덜 내게 해주거나, 사업상의 서류 절차를 편리하게 해주거나 함으로써, 자신의 직권을 이용해 뇌물을 받기도 한다. 그들의 행동에 많은 사람이 분노할 뿐만 아니라, 실제로 사회에 커다란 피해를 준다. 그런 행동이 끔찍이 사회에 해를 주는 나쁜 죄질일 수 있다. 그런 사람은 위의 항목 중 ① 개인적 이기주의자에 해당한다.

둘째로, 요즘 한국의 의사들이나 봉사원들이 해외에서 어려운 사람들을 도와줄 뿐만 아니라, 그들을 위해 일생 희생하는 경우가 있다. 그들 자신은 스스로 생활에 행복해할지는 모르나, 분명 그들의 행동은 자신의 편리는 아랑곳하지 않으면서 남을 위해 일하는 것이다. 그런 행동은 아무나 할 수 있는 정도의 손쉬운 일은 아니다. 그들의 행동은 위의 분류에서 ② 개인적 이타주의라고 할 수 있다.

셋째로, 자신들이 사는 지역에 쓰레기 소각장이 만들어지거나 혹은 쓰레기 매립지가 선정되면, 자신의 동네에 땅값이나 집값이 떨어진다며 아주 극단적으로 반대하는 경우가 있다. 사실 그런 혐오시설은 없어야 하겠지만 우리가 살아가면서 어쩔 수 없이 필요한 시설들이다. 사람은 태어나면 언젠가는 죽는데, 그런 경우 장례 혹은 화장 시설이 필요하다. 또한 현대에 우리는 전기 없이는 살기 힘들며, 따라서 원자력발전소가 필요하고 그 폐기물들을 처리할 시설도 필요하다. 그런데 일부 사람들은 그런 시설이 하필이면 자신의 마을 가까이에 세워져서 자신들에게 손해가 된다고 생각한다. 그리고 그들의 집단적 저항으로 전체 국민은 적지 않은 피해를 보게 된다. 그런 사람들은 위의 분류 중 ③ 집단적 이기주의라고 할 수 있다. 그러므로 우리는 집단주의를 선호하는 사람들도 이기주의자일 수 있다는 것을 명확히 인식할 필요가 있다. 그렇지만 그런 사람들 대부분은 자신들을 이기주의자로 여기지 않는 경향이 있다. 오히려 자기 집단을 위해 희생정신을 발휘하는 이타주의자라고 착각하기도 한다.

넷째로, 위의 분류 중 ④ 집단적 이타주의를 이야기해보자. 그런데 그런 경우의 실례를 들기는 매우 어렵다. 어느 국가라도 자신의 국가적 큰 손실이나 희생에도 불구하고, 적극적으로 남의 나라를 위해 희생하는 경우를 보기란 어렵기 때문이다. 그저 어려운 나라를 돕기 위해 유엔 활동을 하고, 재난을 당한 나라를 돕기 위해 성금을 모금하거나 재건을 도와주는 정도로 소극적인 의미에서 집단적 이타주의가 있을 수는 있다. 그렇지만 적극적으로 자신의 사회 또는 국가는 망해도 좋으니 남의 사회나 나라를 위해서 모든 것을 희생하겠다는 정책은 있을 수 없다.

이것에 대한 설명은 리처드 도킨스(Clinton Richard Dawkins 1941-)가 쓴 『이기적 유전자(*The Selfish Gene*)』(1976, 1989,

2006)에서 어느 정도 이해해볼 수는 있다. 그의 주장에 따르면, 우리는 지극히 이기적이라서 매우 이타적이다. 전통적으로 그리고 지금도 상식적으로 사람들은 이기적이라면 이타적이 아니며, 이타적이라면 이기적이 아니라고 생각한다. 그렇지만 도킨스의 관점에서 보면, 그러한 생각은 순진하다. 그런 맥락에서 어느 국가의 정치인 또는 행정가들이 자국의 이익을 위해 어떤 외교적 약속을 뒤집거나, 평소의 도덕적 원칙이나 관행을 뒤집는 결정을 하는 이유가 어느 정도 이해가 되기는 한다.

이상의 분류를 통해서 우리는 아래와 같이 다시 질문할 필요가 있다. 특정한 사람들에 대해서 그들이 '개인주의자'이니 곧 '이기주의자'라고 말할 수 있는가? 사실 개인주의와 이기주의는 별개의 분류로 개인주의자이면서 이타주의자일 수 있다. 위의 이야기는 서양인들에 대한 평가만을 위해서 한 이야기는 아니며, 우리 자신을 돌아보게 하는 이야기이다. 일반적인 생각으로는 한국인 대부분은 자신이 개인주의자가 아니므로 이기주의자가 아니라고 생각하는 경향이 상당히 있다. 그러나 사실 우리 사회 구성원들 대부분은 개인주의자는 아닐지라도 상당한 정도로 이기주의자로 행동하는 경우를 적지 않게 본다. 어쩌면 그래서 더욱 이기적일 수도 있다. 자신이 개인주의자가 아니므로, 즉 집단주의자에 가까우므로 이타주의자라고 착각하기 때문이다. 앞서 알아본 것처럼 집단적 이타주의란 존재하지 않는다. 이러한 반성적 사고는 우리가 지금 철학을 공부해야 하는 의미인데, 그것은 자기 생각에 대한 반성을 통해서 우리가 더욱 성숙한 생각을 가질 수 있기 때문이다.

이런 일과 관련하여, 여기서 젊은 학생들에게 일러둘 말이 있다. 입시 공부만 하던 한국 학생들이 어느 사상 책을 처음 만날 경우, 그 사상의 논리 정연함에 매혹되기 쉽다. 만약 어느 사상이라도 그것이 현실의 잘못들을 꼬집는 것이라면, 더욱 그 사상에 빠져들기 쉽다. 처음 사상 책을 대하는 젊은 학생으로서 어느 사상의 이론이 갖는 난점 혹은 모순을 발견하기 어렵다. 그러므로 어느 사상이든 지나치게 신뢰하는 것을 경계해야 한다. 그 경계를 위해서 아래와 같은 의심의 태도를 가질 필요가 있다.

"내가 읽고 있는 사상의 이론이 너무 훌륭해 보이긴 하지만, 틀림없이 그 이론에 반대하는 어떤 다른 생각도 있을 것이다. 따라서 그 반대 관점을 보기 전까지 함부로 신뢰하지 않을 것이며, 신뢰하기를 미뤄두겠다."

그렇게라도 경계하지 않으면, 특정 사상에 지나친 믿음을 가지게 되어, 이후로 남의 다른 이야기를 듣지 않으려 할 수 있다. 결국, 사회에 도움이 되지 않을, 그리고 스스로 후회하게 될 극단적 행동을 할 가능성이 있다. 사실은 종교도 하나의 사상과 같아서 사람의 마음을 지배하는 힘이 있으며, 따라서 비슷한 경계를 할 필요가 있다.

[참고 5]

플라톤의 동굴 이야기와 비슷한 교훈을 다른 곳에서도 찾아볼 수 있다. 헤르만 헤세(Hermann Hesse, 1877-1962)가 쓴 소설 『데미안(*Demian*)』(1919)은 아래와 같은 주제를 다룬다. 우리는 자신만의 생각 울타리를 가지고 있으며, 그 울타리를 벗어날 때 비로소 자유롭고 새로운 사고를 얻을 수 있다. 그럴 수 있다면, 도덕의 계율 차원을 넘어선, 어쩌면 세계를 비로소 참되게 아는, 자유로운 사람이 된다. 저자는 그것을 짧은 글로 반복해 암시적으로 제안한다.

"새는 알을 깨고 나온다. 알은 세계이다. 새는 신이다. 신은 아프락삭스이다."

우리는 모두 알을 깨고 나와 새롭게 태어날 수 있으며, 그래야 한다. 사람들은 사회적 규범 혹은 통념적 가치에 사로잡혀 스스로 구속하며 살아간다. 그것은 곧 알에 갇힌 삶이다. 우리가 그 삶의 굴레에서 벗어나 새로 탄생하여 날아오르려면, 알의 껍데기란 통념을 깨야만 한다. 물론 그 일에는 고통이 따를 수 있다. 그러나 용감히 그 일을 해낸다면, 비로소 우리는 새로 변신해 하늘로 날아오를 수 있다. 그것은 종교적 혹은 사회적 통념의 계율 수준을 넘어서는, 그야말로 자유로운 영혼을 가진 존재이다.

예를 들어, 불교의 진리를 터득했다는 신라시대의 스님 원효는 술을 마시며 사람들과 어울려 노래를 부르고, 사람들을 가르쳤다. 그가 그렇게 할 수 있었던 것은 종교의 계율을 넘어서기 때문이다. 물론 계율 수준을 넘어선다는 이야기를 아무렇게나 살아도 무방하다는 뜻으로 해석하지는 말아야 한다.

* * *

비슷한 관점을 은유적으로 말해주는 불교 설화 하나를 소개해보자.

인도에서 어느 사람이 여행하다가 성난 코끼리를 만났다. 그 사람은 성난 코끼리에게 쫓겨 도망치려 했고, 근처에 숨을 곳을 찾아보았다. 마침 근처에 우물이 있었으며, 그 우물 옆의 넝쿨나무가 우물 안쪽으로 늘어져 있었다. 그래서 그는 우물 안쪽의 넝쿨나무에 매달려 숨었다. 그렇게 그가 안심하려 했지만, 머리 위쪽 넝쿨 줄기를 흰 쥐와 검은 쥐가 번갈아가며 갉아 먹는 중이었다. 그대로 있다가는 우물 아래로 떨어질 형국이다. 또한 우물 아래를 내려다보니 물 위에 커다란 뱀이 혀를 날름거리며 위에서 그가 떨어지기만을 기다리고 있었다. 더구나 넝쿨을 내려가던 중에 줄기에 있던 벌집을 건드려서 벌들이 달려들어 엉덩이를 쏘아댔다. 그 사람은 그야말로 절박한 상황에 놓였다. 그런데도 그 사람은 벌집에서 떨어지는 꿀을 받아먹으며 달콤한 맛에 정신을 빼앗겨 그 상황을 잊고 있었다.

이러한 설화를 이야기하는 스님들은 보통 아래와 같이 질문하곤 한다. "그 절박한 상황에서 그 사람이 벗어날 방안은 무엇일까요?"

위의 이야기는 사람들에게 깨우침을 주기 위한 비유이다. 넝쿨나무는 인생을 의미하며, 흰 쥐와 검은 쥐는 낮과 밤을 의미한다. 그 쥐들이 갉아 먹고 있는 것은 우리 인생의 세월을 의미한다. 그리고 꿀과 벌침은 인생에서 만나는 쾌락과 고통을 의미한다.

그가 처한 절박한 상황은 대부분 사람이 처한 인생에 비유된다. 우리는 인생에서 작은 일에 집착하여, 우물 속에 숨은 사람처럼 벌집에서 떨어지는 꿀을 받아먹으며, 자신이 처한 상황이 낮과 밤인 흰 쥐와 검은 쥐가 자신의 인생을 조금씩 갉아 먹고 있는 줄을 모르고 살아간다. 그런 위급한 상황에서 벗어나려면, 그런 상황이 꿈이라고 생각하면 된다. 그리고 그 상황에서 벗어나려면, 자신이 꾸고 있는 꿈에서 깨어나면 된다. 한마디로 집착에서 벗어나야 한다.

5장

생물학에서 철학으로(아리스토텔레스)

우리는 모든 감각 중 특히 보는 것을 좋아한다. 그 이유는 보는
감각이 사물들을 더 잘 분별할 수 있게 해주기 때문이다.

_ 아리스토텔레스

■ 본성과 일반화

아리스토텔레스(Aristotle, 기원전 384-322)는 플라톤의 제자이지
만, 아테네 사람은 아니고 이웃 마케도니아에서 유학 온 학생이었
다. 아카데미에서 배웠지만, 그곳의 선생으로 남지는 못했고, 자신
의 왕국으로 돌아가 제자를 가르쳤다. 그의 아버지가 마케도니아
왕 필리포스의 주치의였던 인연으로, 그는 국왕의 아들 알렉산더
(Alexandros the Great, 기원전 356-323)를 가르쳤다.

그는 의사인 아버지의 영향으로 당연히 의학적 지식을 가진 사람
인 동시에 정치학, 심리학, 물리학, 천문학, 논리학, 형이상학 등 다
양한 분야에 걸친 폭넓은 연구를 했으며, 또한 생물학에 관심이 많
아서 최초로 '생물 분류학'을 연구했다. 그중 특히 철학 분야인 '논

리학'과 '학문의 방법론'에 관한 연구는 서양의 학문에 커다란 영향을 주었다.

플라톤이나 아리스토텔레스는 모두 '학문의 원리 탐구'로서의 철학, 즉 각자 자신이 연구하는 학문 분야의 원리 탐구로서 철학을 탐구했다. 플라톤이 기하학으로부터 철학을 탐구했다면, 아리스토텔레스는 주로 생물학으로부터 철학을 탐구했다. 그런 이유로 스승과 제자 사이에 적지 않은 관점의 차이가 발생했다.

앞서 말했듯이, 수학자인 플라톤의 생각으로, 실제 그려진 기하학 도형들은 참된 기하학적 도형들이 아니었다. 그러므로 눈으로 볼 수 있는 경험적 현상들은 모두 참을 밝혀줄 근거일 수 없다. 나아가서 모든 경험적 지식은 참된 지식을 제공해주지 못한다.

반면, 의사이면서 생물학자인 아리스토텔레스의 입장에서, 눈으로 관찰한 것들은 참된 진리를 밝혀줄 근거가 아닐 수 없었다. 따라서 그는 플라톤의 제자였지만 스승과 적지 않게 다른 인식적 관점을 가졌다. 아리스토텔레스는 플라톤의 '이데아 세계'를 추종하는 사람들을 향해서 다음과 같이 말했다. "경험적 대상인 사물들이 단지 속견(doxa)에 지나지 않는 것들이며, 참된 지식의 근거가 아니라고 주장한다면, 그들은 왜 우물이나 낭떠러지 위로 걸어가지 않는가?"

이러한 지적은 플라톤의 관점을 지지하는 사람들을 매우 난처하게 만들었다. 눈에 보이는 현상이나 감각적 대상들에서 참된 것을 찾아볼 수 없다고 하면서도, 만약 그들이 낭떠러지 위에 선다면, 떨어져 죽게 될까 두려워할 것이다. 이렇게 그들의 신념은 스스로 모순적이다. 왜냐하면 그들은 관찰되는 모든 것들을 신뢰할 수 없다고 주장하면서도, 일상생활에서 경험하는 모든 것을 참으로 신뢰하기 때문이다.

아리스토텔레스는 의사로서 그리고 생물학자로서 '관찰'을 중요하게 여기지 않을 수 없었으며, 현실에 존재하지 않는 '이데아의 세계'가 존재한다는 스승의 주장을 그냥 놔두고 봐줄 수가 없었을 것이다. 위와 같이 아리스토텔레스가 스승의 입장을 극렬히 비판하자 주위에서는 배은망덕한 놈이라고 비난하기도 했지만, 그는 오히려 다음과 같이 응수했다. "친구와 진리를 모두 존중해야겠지만, 친구보다 진리를 존중하는 것이 더 훌륭한 태도이다."

관찰을 중요시한 아리스토텔레스는 계란에서 어떻게 병아리가 탄생하는지를 살펴보고 싶어 했다. 그리고 그는, 계란이 병아리가 되는 과정을 처음으로 관찰하고 기록으로 남겼다. 당시에는 계란의 내부를 관찰할 수 있는 어떤 관측 장비 같은 것이 없었지만, 관찰할 방안을 찾아내었다. 그는 여러 마리의 닭이 일시에 알을 품게 하고서, 하루에 하나씩 꺼내어 그것을 깨뜨려보았다. 그렇게 하여 그는 계란 내부에서 하루마다 변해가는 모습과 그 과정을 관찰할 수 있었다.

마케도니아의 통치자 알렉산더는 짧은 기간에 넓은 영토를 확장하였다. 그는 정복하는 지역마다 신기한 식물과 동물을 모두 스승인 아리스토텔레스에게 보내도록 지시했다. 아리스토텔레스는 그 식물과 동물을 분류하였다. 그렇게 최초의 생물 분류 체계가 만들어졌다. 그가 생물 분류를 하면서 어떤 철학적 생각을 했을지 가상적으로 꾸며 이야기해보자.

"이 개는 아주 처음 보는 신기한 것이로구나. 그런데 나는 이 동물을 처음 보는 것인데도 이것이 개인 줄 어떻게 알아본 것일까? 나아가서 내가 세계의 사물을 알아볼 수 있는 까닭은 무엇인가?"

이러한 아리스토텔레스의 질문은 플라톤의 질문과 매우 유사하다. 플라톤은 이런 의문을 가졌다. "우리는 대략 그린 삼각형을 보면서 그것이 삼각형인 줄 알아본다. 우리가 그것을 어떻게 알아볼 수 있는가?"

두 학자의 질문의 방향은 같았지만, 그 대답의 방향은 달랐다. 플라톤은 위의 질문에 '이데아의 세계'가 존재한다는 가정으로 설명하려고 했다. 반면에 아리스토텔레스는 '생물학적 본성(nature) 혹은 본질(essence)'을 통해서 설명하려 했다. 아리스토텔레스가 '생물들이 본성을 가진다'고 혹은 '사물들마다 본질이 있다'고 생각한 이유는 무엇일까? 그는 생물학을 연구하면서 다음과 같이 질문했다. "도토리를 심으면 참나무가 자라며 단풍나무가 되지 못한다. 그리고 계란으로부터 병아리가 탄생할 뿐 코끼리가 되지는 못한다. 어째서 도토리는 단풍나무가 되지 못하며, 계란은 코끼리가 되지 못하는가?" 그 질문에 대한 아리스토텔레스의 대답은 이랬다. "질료(Matter) 속에 형상(Form)이 들어 있다." 이 말을 쉽게 말하자면, 계란이란 질료 속에 닭 모습의 형상이 들어 있다. 즉, 계란은 닭이 될 본질을 가진다. 요즘 말로, 배아 속에 형질의 특성을 나타낼 유전자가 들어 있기 때문이다.

'본질(essence)'이란 어떤 동일한 종류의 사물들이 동일한 성질(속성)을 예외 없이 가질 경우를 가리키는 말이다. 예를 들어, "모든 포유류는 새끼를 낳는다."라는 문장은 포유류가 어떤 본성을 갖는지 말해준다. 또한 "모든 포유류는 붉은 피를 가진다."라는 문장 역시 본성을 지적하는 말이다. 그런데 여기서 주목해야 할 것은 본성을 나타내는 문장의 형식이다. 그것은 "모든 ○○는 ××이다."라는 형식, 즉 전칭긍정 형식의 문장이다. 예를 들어, "모든 사람은 죽는다.”라는 문장은 “모든 주어(Subject)가 가리키는 것(실체)은 술어(Predicate)가 가리키는 것(속성)을 갖는다.”는 형식이다. 즉, “모든 ‘실체(Substance)’가 어느 ‘속성(Property)’을 갖는다.”는 형식의 문장이다. 그러므로 “모든 사람은 죽는다.”라는 문장은 “모든 사람은 죽을 속성을 갖는다.”와 같은 의미이며, 여기서 주어가 가리키는 ‘모든 사람’에 대해서 ‘죽을 속성’을 갖는다고 말하므로, ‘예외가 전혀 없다’는 주장을 담고 있다. 이런 전칭긍정 형식의 문장은 ‘법칙’을 말할 때 사용되며, 그것을 철학자들은 ‘일반화(generalization)’라고 부른다.

아리스토텔레스의 관점대로라면, 우리가 처음 보는 동물 ‘말’을 보면서 그것을 ‘말’이라고 부를 수 있는 것은 그것이 말의 본성을 갖기 때문이며, ‘도토리’가 ‘참나무’가 되는 까닭 역시 그것의 본성을 갖기 때문이다. 그런데 우리가 그 본성을 어떻게 알았는가?

아리스토텔레스는 관찰을 잘하면 그 본성을 알 수 있다고 주장한다. 그리고 무엇이 어떤 본성을 갖는지 알아내기만 하면, 본성상 같은 종류의 다른 것들도 예외 없이 같은 속성을 가질 것이라고 주장할 수 있다. 예를 들어, 위에서 아래로 떨어지는 물체 몇 개를 잘 관찰하면, ‘그런 물체들이 아래로 떨어지는 본성을 가지고 있음’을 알 수 있다. 이렇게 그는 자연을 본성으로 설명하려 하였다. 우리가 개별 사물들을 관찰하면, “어떤 물체들이 위에서 아래로 떨어지는 본성을 갖는다.”라는 법칙, 즉 일반화를 얻어낼 수 있다. 그리고 같은 방법으로 어떤 것들은 하늘로 올라가는 본성을 가진다는 것을 밝혀낼 수도 있다. 그러므로 자연에 존재하는 것들은 본성적으로 다른 두 가지 성질을 갖는다. 하나는 위에서 아래로 떨어지는 본성으로 중력(gravity)을 가지며, 어떤 것들은 가벼워 위로 올라가는 가벼움(levity)의 본성을 갖는다.

이렇게 그는 플라톤과 아주 다른 입장을 가졌다. 플라톤은 개별적인 사물들이나 관찰 가능한 현상들로부터 참된 지식을 얻어낼 수 없다고 생각했다. 반면에 아리스토텔레스는 관찰되는 현상들로부터 본질적인 참된 지식, 즉 형상이나 본질을 발견할 수 있다고 생각했다.

자연을 본성에 의해서 설명하려는 아리스토텔레스의 관점은 천문학을 설명하는 데에서도 그대로 적용된다. 그의 관점에 따르면, 세계를 구성하는 원소는 모두 다섯 가지이며, 그중 지구(earth)를 구성하는 원소는 물, 불, 공기, 흙이다. 지구는 우주의 중심이고, 움직이지 않는다. 그 둘레를 천구들, 즉 달, 수성, 금성, 태양, 화성, 목성, 토성, 그 외에 (별이 고정된) 추가의 2개 천구가 회전한다(그림 1-7). 그가 그러한 천구를 가정했던 이유는, 그 천체들이 독립적으로 회전할 수 없다고 생각했기 때문이다. 마치 마차가 움직이려면 누군가 밀어주어야 하듯이, 투명한 유리 같은 천구에 붙어 함께 회전해야 한다고 믿었기 때문이다. 그리고 그러한 천구는 완벽히 투명한 제5원소(quintessence)로 만들어졌다고 믿었다. 본성적으로 지상의 것들과 천체의 것들은 달라서, 지상의 것들은 썩어 상할 수 있지만, 천체는 영원히 변화하지 않는다.

기원전 300년 무렵의 이러한 믿음은, 1700년대에 뉴턴에 의해서 수정되기까지 유럽에서 확고한 신뢰를 받으며 계승되었다. 당시의 상식적 믿음에 따라서, 하늘을 바라본 명백한 관찰은 그와 같은 생각을 지지하는 것처럼 보였었다. 우리가 거주하는 지구는 명백히 움직이지 않는 것으로 관찰되거나 혹은 느껴지며, 그 외의 모든 천체는 분명 우리를 중심으로 회전하는 것처럼 보이기 때문이다. 물

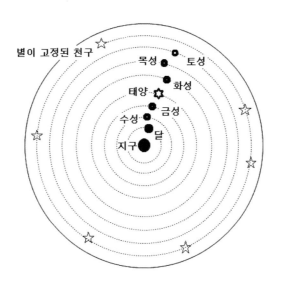

[그림 1-7] 아리스토텔레스의 우주론

론 훗날 정교한 관찰이 이루어져서, 모든 천체가 한 방향으로만 운동하지 않는다는 것이 밝혀졌지만, 그것조차도 아리스토텔레스의 관점에서 약간 수정되었을 뿐이었다. 예를 들어, 화성은 우리 지구에서 보기에 지구를 중심으로 한 방향으로 주행하다가 어느 순간 반대 방향으로 역주행하는 움직임을 보여준다. 그것을 세차 운동이라 말한다. 그런 운동을 프톨레마이오스는 지구를 중심으로 회전하는 원을 따라서 돌아가는 다른 주전원(epicycle)을 가정하여 설명하였다. 다시 말해서 아리스토텔레스의 지구 중심의 관점을 바꾸지 않고서도, 세차 운동을 설명할 수 있음을 보여주었다. (이것을 6장에서 다시 설명한다.)

그리고 아리스토텔레스는, 그 천체들을 회전시키는 천구가 아주 부드럽고, 가벼우며, 마찰이나 무게가 전혀 없는 에테르(ether)와 같다고 믿었다. 우주에 에테르가 존재한다는 아리스토텔레스의 믿음은 뉴턴 시대 이후에도 계속되었다. 빛이 파동의 성질을 가지므로, 빛이 태양으로부터 지구로 전달되기 위해서는 에테르와 같은 매질이 있어야 한다는 과학자들의 확고한 믿음 때문이었다. (에테르 존재에 대한 가정은 아인슈타인 시대에 이르러서야 비로소 부정될 수 있었다.)

근대에 들어와 1887년에 그러한 매질의 존재를 확인하기 위한 마이컬슨과 몰리(Albert Abraham Michelson & Edward Morley)의 실험이 있었다. 그 실험에서 매질의 효과가 없다는 결과가 측정되었지만, 에테르의 존재는 부정되지 않았다. 오히려 그 실험자들조차 자신들의 실험이 잘못되었다고 믿었다. 이것은 유력한 가설 혹은 이론을 반증하는 증거가 나타나더라도, 과학자들이 자신들이 믿고 있던 유력한 가설 혹은 이론을 쉽게 포기하지 않는다는 것을 보여준다. 토머스 쿤이 『과학혁명의 구조』에서 주장했듯이, 지배적인 기술, 과학, 철학 등으로 구성된 패러다임의 지배 때문이다. (이와 관련한 구체적 이야기를 3권 13장, 15장에서 논의한다.)

■ 과학 탐구의 논리

관찰을 통해서 본질을 밝힐 수 있다는 아리스토텔레스의 생각에 누군가는 이런 질문을 할 것이다. 관찰을 통해서 세계의 참된 모습을 어떻게 찾아낼 수 있을까? 그 구체적 방법이 무엇일까? 다시 말해서, 관찰을 통해 자연법칙을 찾아낼 방법이 무엇일까?

아리스토텔레스의 논리학 연구는 그런 의문에서 시작되었다. 그가 탐구했던 과학의 연구 방법을 쉽게 이해하도록 예를 들어보자. 어느 관찰자가 자신의 화단에 핀 맨드라미꽃을 관찰하는 상황을 가정해보자. 그 관찰에서 그는 맨드라미꽃 색깔이 붉은색인 것을 보았다. 그리고 화단의 다른 모든 맨드라미꽃도 역시 붉은색이란 것을 보았다. 혹시 옆집의 맨드라미꽃이 피었다면 그 꽃이 무슨 색일지 궁금해서 가보았다. 그랬더니 그곳의 꽃들도 모두 붉은색이었다. 이번에는 학교 화단의 꽃도 살펴보았고, 동네를 한 바퀴 돌아보면서 다른 맨드라미꽃의 색깔 역시 붉은색이라는 것도 관찰했다. 그러면 그는 이렇게 결론을 내리기 쉽다. "모든 맨드라미꽃은 붉은색이다." 그 관찰자가 이런 결론을 내리기까지 추론의 과정은 아래와 같다.

(1) 우리 집의 맨드라미꽃은 붉은색이다.
(2) 옆집의 맨드라미꽃도 붉은색이다.
(3) 학교 화단의 맨드라미꽃도 붉은색이다.
(4) 우리 동네의 다른 맨드라미꽃들도 붉은색이다.
(5) 따라서 모든 맨드라미는 붉은색의 꽃을 피운다.

(1)부터 (4)까지는 모두 관찰 증거이며, 그 관찰 증거로부터 그 관찰자는 (5)의 결론을 추론할 수 있다. 이런 추론 과정을 철학자들은 '귀납추론(Inductive inference)' 혹은 '일반화하다(generalizing)' 라고 말한다. 그리고 그 결론을 '일반화(generalization)', '법칙(law)', '가설(hypotheses)', 또는 '이론(theory)' 등으로 부른다. 또

한 위의 추론을 '열거에 의한 일반화'라고 말한다. 이러한 추론은 개별 사실로부터 법칙을 유도하는 형식이다. 다시 말해서, 몇 가지 증거로부터 앞으로 있을지도 모를, 그래서 아직은 관찰할 수 없는 모든 것들도 그러할 것이라고 주장하는 형식이다.

일단 우리가 위와 같은 귀납추론을 통해서 일반화 또는 법칙을 얻기만 하면, 그 법칙을 이용하여 다음과 같은 추론에 활용할 수 있다. 만약 어느 친구가 자신이 가진 맨드라미 씨앗을 심으면 어떤 색깔의 꽃을 볼 수 있을지 묻는다면, 그 관찰자는 붉은색 꽃을 피운다고 쉽게 대답할 수 있다. 그런데 그 친구가 어떻게 그것을 알았냐고 다시 묻는다면, 그는 아래와 같이 체계적으로 설명할 수 있다.

(1) 모든 맨드라미꽃은 붉은 꽃을 피운다.
(2) 이 씨앗은 맨드라미 씨앗이다.
(3) 따라서 이 씨앗을 심으면 붉은 꽃이 필 것이다.

위의 추론 과정은 '연역추론(deductive inference)'이라 불린다. 그런 형식의 추론을 통해서 우리는 이미 관찰된 것을 '설명'해줄 수 있을 뿐만 아니라, 새로운 사실을 '예측'할 수도 있다. 나아가서 연역추론을 통해 '새로운 가설 혹은 법칙'도 발견할 수도 있다. 이런 추론은 법칙의 주장으로부터 아직 일어나지 않은 개별적 사실을 예측하거나, 이미 일어난 사건을 설명해주는 형식이다.

이것을 근대 이후 발견된 다른 과학적 발견의 사례를 들어 설명해보자. 뉴턴 역학에 따라 우리가 "지구 가까이 있는 모든 사물이 지구 중력의 힘에 이끌린다."는 법칙(혹은 원리)을 알았다고 가정해보자. 그리고 끈에 돌을 매달아 회전시킬 경우, 돌이 멀리 가지 못하고 회전하는 것은 '당기는 끈의 힘'과 '회전하는 돌의 원심력'이 '힘의 평형'을 이루기 때문이라는 것도 알았다고 가정해보자. 그렇다면 그런 두 법칙으로부터 우리는 다음과 같이 추론할 수 있다. "달이 지구 주위를 회전하는 까닭은 지구와 달이 '서로 끌어당기는 힘'인 중력과 '달이 지구로부터 멀리 달아나려는 힘'인 원심력이 서로 힘의 평형을 이루기 때문이다." 나아가서, "만약 그 힘의 평형이 어긋나는 일이 생긴다면, 달은 지구로부터 멀리 달아나거나 지구와 충돌하는 일이 발생할 수 있다."고 추론할 수 있다. 위의 이야기를 명확히 알아보기 위해 그 논리를 아래와 같이 요약해보자.

(1) 지구 주위의 모든 물체는 지구 중력의 힘에 이끌린다.
(2) 달은 지구 주위에 있는 물체이다.
(3) 따라서 달은 지구 중력의 힘에 이끌린다.

그리고 아래와 같이 연역추론에 의해서 우리는 새로운 것을 발견하거나 예측할 수 있다.

(4) 줄에 돌을 매달아 돌려 돌이 회전하는 것은 '당기는 끈의 힘'과 '회전하는 돌의 원심력'이 힘의 균형을 이루기 때문이다.
(5) 달은 지구 주위를 돌면서 중력의 힘과 원심력의 힘 사이에 힘의 균형을 이룬다.
(6) 따라서 만약 그 힘의 균형이 어긋난다면, 달은 지구로부터 멀어지거나 지구와 충돌하는 일이 발생한다.

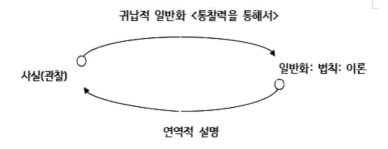

[그림 1-8] 아리스토텔레스의 과학 방법론

이상과 같이 아리스토텔레스는 생물학 연구 방법으로 귀납추론과 연역추론이 활용된다는 것을 밝혀내었다. 그리고 그 방법이 다양한 분야의 학문에도 마찬가지로 적용될 수 있다는 것도 알아보았다. 그의 이야기에 따르면, 관찰로부터 귀납추론을 통해 일반화, 즉 법칙을 '발견'해내고, 그 발견된 일반화 혹은 법칙을 이용하여 연역추론으로 새로운 사실을 '설명'하거나 '예측'할 수 있다. 즉, 새로운 주장을 추론할 수 있다. 이렇게 과학의 탐구에는 귀납추론과 연역추론이 모두 사용된다(그림 1-8).

인류 과학 문명사에서, 그것도 기원전 이미 '학문의 연구 방법'을 탐구한 사람이 있었다는 것은 정말 놀라운 일이다. 아리스토텔레스가 살았던 시기는 한반도에는 삼국시대가 시작되기 이전이며, 고구려가 태어나기도 이전이다. 서양 철학자들이 고대에서부터 지금까지 상당한 세월 동안 '세계의 원리를 탐구'하는 '철학'을 했다는 점은 이 책에서 앞으로도 눈여겨볼 일이다.

* * *

  지금까지 우리가 관찰로부터 일반화를 얻어낼, 혹은 과학 법칙을 얻어낼 추론의 방식이 무엇인지 알아보았다. 그러나 아리스토텔레스는 스스로 그런 연구 결과에 만족하기 어려웠다. 다음과 같은 의문 때문이다. 관찰을 통해서 일반화 혹은 법칙을 유도할 수 있다고 우리가 기대할 수 있지만, 구체적으로 그것을 어떻게 할 수 있을까? 단지 관찰만으로 누구나 손쉽게 일반화를 얻어낼 수 있다면, 굳이 학문적으로 연구할 필요도 없다. 누구라도 볼 수 있다는 점에서, 누구라도 일반화, 즉 과학 법칙을 발견할 것이기 때문이다. 그렇지만 우리가 잘 인식하듯이, 누구나 쉽게 과학 법칙을 발견하지 못한다. 오래전부터 인류는, 여러 물체가 높은 곳에서 낮은 곳으로 떨어진다는 것을 관찰했으며, 그리고 절벽 위에 서면 위험하다는 것을 거의 모든 사람이 본능적으로 알았다. 사실은 동물들도 그것을 알고 절벽 위에 서면 두려움을 느낀다. 그러나 '중력 법칙'의 발견은 뉴턴 시대인 비교적 최근에서야 이루어졌다. 다시 말해서, 관찰, 즉 본다고 해서 누구나 법칙이나 원리를 발견할 수 있는 것은 아니다. 그래서 다시 묻지 않을 수 없다. 귀납추론을 통해 구체적으로 어떻게 원리나 법칙을 얻어낼 수 있다는 것인가? 아리스토텔레스의 글 속에서 그 대답을 직접 확인할 수는 없다. 그렇지만 그의 저작물을 통해서 간접적으로 추정해볼 수는 있다.

  아리스토텔레스는 관찰에서 일반화를 유도하기 위해 기본적으로 과학자의 '통찰력'이 필요하다고 말했다. 그렇지만 이런 설명 역시 스스로 만족할 수 없었다. 바로 그 통찰력을 어떻게 발휘할 수 있을지 설명해야 하기 때문이다. 그는 통찰력을 어떻게 발휘할 수 있을지의 의문에 '분류하라(classify)'는 대답을 내놓았다. 우리가 무엇을 관찰할 때 그 관찰하는 중에 열심히 분류해보라는 것이다. 그러면 뭔가 자연의 법칙 혹은 원리를 찾아낼 수 있을 것이라고 기대할 수 있다는 주장이다.

예를 들어, 들판에서 자라는 식물 중 잎의 모양이 길쭉한 것과 짧은 것을 나눠보고, 그 식물들의 뿌리 모양에 따라서 짧은 뿌리를 가진 것과 긴 뿌리를 가진 것을 나눠보라. 그리고 그것 중 습지에 사는 것과 마른 땅에 사는 것을 나눠보라. 그러면 짧은 수염뿌리를 가진 식물들은 주로 습지에서 자라며, 긴 뿌리를 가진 식물들은 주로 산의 마른 땅에서 자란다는 사실을 발견할 수 있다. 그리고 잎 모양에도 식생 환경과 어떤 관계가 있는지 찾아낼 수 있다.[12]

다른 예로, 물속에서 사는 동물 중 숨 쉬는 방식에 따라 폐를 가진 것과 아가미를 가진 것을 나눠보면, 고래가 다른 수생동물과 다르다는 것을 발견할 수 있다. 그러면 우리는 고래가 물고기가 아니라 포유류라고 말할 단서를 발견한다. 거듭 말하지만, 과학자들은 무엇이든 관찰할 때면 그것들을 어떤 종류로든 나눠보는 것이 중요하다. 그러는 가운데 과학자는 어떤 법칙을 발견할 수 있다.

그러나 누군가는 이런 설명이 여전히 만족스럽지 못해서 다시 질문할 수 있다. 관찰한 것들을 나눌 때 어떤 기준에 따라 나누어야 할까? 아리스토텔레스가 이러한 질문에 대답할 의도를 명확히 가졌는지는 분명하지 않지만, 그는 세상에 있는 것들을 나누는 기준인 범주를 중요하게 다루었다. 그가 주장한 범주(Categories)란, 실체(Substance), 양(Quantity), 질(Quality), 관계(Relation), 시간(Time), 장소(Place), 능동(Activity), 피동(Passivity), 상태(State), 위치(Position) 등 10가지이다. 우리는 이러한 범주에 따라 자연에서 관찰할 수 있는 것들을 분류해볼 수 있다. 관찰 대상이 '무엇'이며, '몇 개'

인지, '좋은' 것인지 '나쁜' 것인지, 다른 것들과 어떤 '관계'에 있는지, 어느 '시기'에 특별한 일이 일어나는지, 어느 '곳'에 있는지, 다른 것에 영향을 '받는지', 혹은 영향을 '주는지', '어떤 상태'인지, '어느 위치'에 있는지 등이다.

예를 들어, 식물을 관찰하는 생물학자는 다음과 같은 것들을 주의해서 관찰할 필요가 있다. 들판에서 혹은 산악 지형에서(장소) 식생하는 식물 중 어느 식물(실체)이, 하나의 가지에 잎은 몇 개 달리는지(양), 그 잎을 만져보면 부드러운지 두툼한지(질), 벌이나 개미와 같은 곤충들과 어떤 관련이 있는지(관계), 어느 시기에 꽃을 피우는지(시간), 그것들이 잘 성장하는 곳이 어디인지(위치), 그 꽃이 해를 향해 움직이는지(능동), 어느 동물의 먹이가 되는지(피동), 그리고 어느 정도로 큰 군락을 이루는지(상태) 등이다.

위와 같이 범주를 설명해보긴 했지만, 그 분류 기준은 너무 임의적이다. 그는 왜 하필 10가지 범주로 나누어야 하는지 명확히 설명하지 못했다. 다만 그가 말하는 '범주'란 '세계가 존재하는 방식'이라는 뜻을 가지며, 그 뜻에 따라 이해해보면, 세상에 존재하는 '실체'가 위의 '9가지 성질들'을 가지기 때문이다. 그 기준에 따라 분류하면, 과학자는 사물의 '본성'을 찾을 수 있다고 그는 기대한 것 같다. 그리고 그 본성의 발견이 바로 자연의 '법칙' 혹은 '원리'의 발견이다.

이상의 이야기가 아리스토텔레스의 과학 연구 방법의 모든 설명은 아니다.

■ 과학의 설명

아리스토텔레스의 입장에서 과학자가 찾아야 할 것은 자연 혹은 사물의 '본성'이다. 그리고 만약 과학자가 귀납추론을 통해 사물의 본성을 알게 된다면, 그 본성으로부터 과학자는 연역추론을 통해 아직 발생하지 않은 개별 현상들을 예측하거나, 이미 발생한 현상들을 설명 또는 이해할 수 있다. 그렇지만 이러한 설명과 이해에 만족하지 않고 누군가는 이렇게 질문할 수 있다. 과학자들은 본성을 통해서 무엇을 설명하고 이해해야 하는가? 다시 말해서, 과학자들이 자연현상을 '이해' 혹은 '설명'하면서 '어떻게' 설명하고 이해해야 하는가? 좋은 설명을 위해 과학자는 무엇을 말할 수 있어야 하는가?

이러한 의문에 대해 아리스토텔레스가 어떻게 사고했을지 생물학의 예를 통해 알아보자. 예를 들어, 파충류 카멜레온이 나뭇가지에서 잎으로 옮겨가면, 카멜레온의 피부 색깔이 달라진다. 그런데 그 색깔이 달라진 까닭은 자신의 몸을 보호하기 위해서이다. 다시 말해서, 카멜레온은 자신을 '보호하기' 위해서 그렇게 했다. 이러한 이해 혹은 설명은 상당히 만족스럽고 정확한 것 같다. 그 예에서 과학자들이 어떤 탐구 목표를 가져야 할지 연구 방향을 알아볼 수 있다. '무엇이', '어떤 작용'에 의해서, '어떤 결과'를 낳았는지, 그리고 그것은 '무엇을 위해서인지' 등이다.

같은 맥락에서, 의사가 환자를 치료하는 경우를 우리는 유사하게 설명하고 이해할 수 있다. '환자'가, '의사의 처방'에 의해, '건강'을 얻었으며, '행복한 삶'을 살기 위해서이다. 그 설명 방식을 조각가에 비유하여 다음과 같이 말할 수도 있다. 대리석이, 조각가의 끌과정에 의해서, 조각상이 만들어진 것은, 훌륭한 예술을 창조하기 위해서이다.

그는 과학적 설명의 그러한 요인들을 '질료인', '작용인', '형상인', '목적인'이라 불렀다. 그의 입장에 따르면, 과학자는 그 모든 네 요인에 대해 설명하도록 노력해야 한다. 그렇지만 그중 '목적인'이 가장 중요하다. 예를 들어, 기린의 목이 '왜' 길어졌는지에 대해서, '높은 나뭇가지의 잎을 먹을 수 있기 위해서'라는 항목은 그 어떤 것보다 중요한 '이유'를 설명하기 때문이다. 그러므로 과학자들은 '목적'을 탐구하는 일만큼은 빠뜨리지 말아야 한다. 이렇게 과학 연구는 목적을 설명하는 것을 중요하게 여겨야 한다. 이런 입장은 '목적론(teleology)'이라 불린다.

아리스토텔레스가 생물학적 설명을 위해 제안했던 목적론적 설명은 주로 생물학이나 역사학에서 어떤 사건이나 현상을 설명하거나 이해하기에 적절해 보인다. 예를 들어, 일본이 조선을 침략했던 사건을 두고서, 그들이 왜 침략했는지 역사학자들은 다음과 같이 설명하는 경우가 있다. 일본은 중국의 넓은 시장과 동남아시아의 자원을 탐냈으며, 그 기획을 '위해서' 우선 조선을 전진 기지로 삼으려 했다.

목적론의 주장에 따르면, 단지 생물학이나 역사학뿐만이 아니라, '모든 자연'에 대해서도 목적으로 규정되어야 한다는 주장이 가능하다. 그리하여 아리스토텔레스는 다음과 같이 말했다. "자연은 어느 것도 '쓸모없이' 하지는 않는다." 그 말은, 세계 혹은 자연에서 일어나는 사건이나 현상에 어떤 목적으로서 이유가 있으며, 그 목적을 설명할 수 있어야 비로소 바람직한 이해에 도달할 수 있다는 뜻이다. 그 점에서 그는 '이유'와 '목적'을 같다고 본 것 같다.

목적론은 자연을 탐구하는 자세에 있어서 무엇인가 '소용되는' 법칙을 발견하려는 자세라고 할 수 있으며, 동시에 사물들에 대해서 '유익한' 본성을 탐구하는 자세이기도 하다. [참고 6]

* * *

앞에서 귀납추론을 어떻게 해야 하는지 알아보았듯이, 이제 우리가 연역추론을 어떻게 해야 하는지 구체적으로 알아볼 필요가 있다. 분명 그냥 아무렇게나 생각해서 되는 일은 아닐 것이기에 말이다. 발견의 방법으로 귀납추론의 세부적인 방식이 있다면, 설명의 방법 혹은 정당화의 방법으로 연역추론의 세부적인 방식도 있어야 할 것 같다.

그런데 연역추론의 구체적 방법이나 논리적 방식에 대해 자세히 알아보기 전에 우선 언어에 대해서 분명히 규정해야 할 필요가 있다. 우리가 무엇을 설명하거나 예측 혹은 발견하기 위해 연역논리로 추론하려면, 그 추론의 생각을 언어로 정확히 표현해서 살펴보아야 하며, 그러자면 논리에 활용하는 언어 자체에 대해 몇 가지 규정이나 원칙이 있어야 한다. 다시 말해서 정확한 말 표현의 방식을 규정할 필요가 있다. 그 점에 대해 아리스토텔레스가 어떤 생각을 했는지 알아보자.

앞서 말했듯이 그는 생물 분류학을 연구하였으며, 그 분류학을 대략 아래와 같이 말할 수 있다. 모든 생명체를 '동물'과 '식물' 그리고 동물도 식물도 아닌 '원생동물'로 구분할 수 있을 것이며, 동물은 다시 '뭍에 사는 것'과 '물속에서 사는 것' 그리고 양쪽에서 사는 '양서류' 등을 구분할 수 있다. 양서류에는 개구리와 두꺼비가 속한다(그림 1-9).

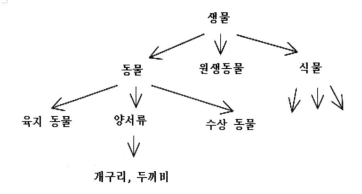

[그림 1-9] 생물의 간단한 분류

위의 분류에서 아래와 같이 판단하는 것은 옳지 않다. "모든 동물은 양서류이다." "일부 양서류는 식물이다." 동물 중에는 양서류가 아닌 것이 있어서, "모든 동물이 양서류이다."라고 주장할 수 없다. 그리고 어느 양서류도 식물이 아니므로 "어떤 개구리는 식물이다."라고 주장할 수도 없다. 그러므로 위의 두 판단(진술)은 거짓이다.

반면에 위의 분류에 따라서 아래 (1)-(4) 판단은 모두 참이다. 그리고 우리는 아래와 같이 세계에 대해 4종류의 문장으로 말할 수 있다. 우선 실체를 가리키는 주어에 대해 전체를 지칭할 경우와 일부만을 지칭할 경우로 나누어, 각각 '전칭'과 '특칭'으로 구분된다. 또한 술어에서 '긍정'과 '부정'으로 구분된다. 그리고 그 각각을 결합하면, 문장의 종류는 아래와 같은 4종류로 구분된다.

(1) 모든 개구리는 동물이다.　　　　　— 전칭긍정(A)판단

(2) 어느 개구리도 식물이 아니다.　　— 전칭부정(E)판단

(3) 일부 동물은 양서류이다.　　　　— 특칭긍정(I)판단

(4) 일부 동물은 양서류가 아니다.　　— 특칭부정(O)판단

(논리학자들은 '전칭긍정판단'과 '특칭긍정판단'은 '긍정(Yes)'을
의미하는 그리스어 'Affirmo'에서 'A'와 'I'를 가져와서 간단히
'A판단', 'I판단'이라 부른다. 그리고 '전칭부정판단'과 '특칭부정
판단'은 '부정(No)'을 의미하는 'Nego'에서 'E'와 'O'를 가져와
서 간단히 'E판단', 'O판단'이라 부른다.)

위의 4종류 문장 형식은 우리가 내릴 수 있는 판단의 종류이다.
그렇다면 그 판단 혹은 문장들 사이에 어떤 논리적 관계가 있는지
미리 밝혀두는 일이 필요하다. 학문을 하면서 혹은 일상적인 생활
에서, 우리가 어떤 판단을 내린 후 그 판단으로부터 다른 판단을
추론하는 경우, 그 추론에 논리적으로 어떤 문제가 있는지 밝혀보
기 위해서이다.

예를 들어, "모든 서울 사람은 상술이 뛰어나다."(전칭긍정)라고
누가 말하고 나서, "서울 사람인 김씨는 상술이 뛰어나지 않다."(특
칭부정)라고 말한다면, 스스로 한 말을 뒤집는 것이다. 그것은 논리
적으로 '모순(contradiction)'이다. 또한 "서울 사람인 문씨는 상술이
뛰어나다."(특칭긍정)라고 말한 후, "어떤 서울 사람도 상술이 뛰어
나지 않다."(전칭부정)라고 말해도 모순이다. 그러므로 전칭긍정 형
태의 문장과 특칭부정 형식의 문장 사이에도 모순관계가 성립된다.
즉, 특칭긍정 형태의 문장과 전칭부정 형태의 문장 사이에 모순관
계가 성립한다.

또한, 만약 누가 "모든 서울 사람들은 상술이 뛰어나다."라는 말이 거짓이므로 동의할 수 없다고 생각해서, "어떤 서울 사람도 상술이 뛰어나지 않다."라는 말이 참이라고 생각하는 것은 타당한 추론이 아니다. 왜냐하면 서울에 사는 사람 중에는 상술이 뛰어난 사람도 있고 그렇지 못한 사람도 있기 때문이다. 다시 말해서, 전칭긍정판단과 전칭부정판단 모두가 동시에 참일 수 없지만, 동시에 거짓일 수도 있다. 그런 측면에서 전칭긍정명제가 거짓이므로, 전칭부정명제가 참이라고 주장될 수 없다. 그러므로 전칭긍정판단과 전칭부정판단 사이에는 '반대(contrary)'관계가 성립한다. 만약 반대관계를 모순관계로 잘못 아는 사람이 있어, 논리적으로 오류의 주장을 하는 경우를 우리는 '흑백논리의 오류'에 빠졌다고 말한다.

예를 들어, "너는 서민이냐?"라는 질문에 대해서 "아니다."라는 대답을 듣고서, 누군가 만약 "그럼 넌 부유하구나."라고 추론한다면, 그는 흑백논리에 빠진 것이다. 왜냐하면 가난하지 않다고 반드시 부자는 아니기 때문이다. '부자'도 아니면서 '가난한 사람'도 아닌, 중산층이 있을 수 있다. 마찬가지로 "너는 현 정부의 정책을 지지하느냐?"라는 질문에 대해서 "아니다."라는 대답을 듣고, "그럼 너는 현 정부의 정책을 반대하는구나."라고 추론하지 말아야 한다. 왜냐하면 지지하지도 않으면서 반대하지도 않는 사람이 있을 수 있기 때문이다.

위와 같이 '특칭긍정판단(I)'과 '특칭부정판단(O)' 사이에는 서로 반대관계가 성립한다. 그 두 판단 모두 참일 수 있다. 예를 들어, "어떤(일부) 서울 사람은 상술이 뛰어나다."라는 말이 참이면서도, "어떤(일부) 서울 사람은 상술이 뛰어나지 않다."는 말도 참일 수 있다.

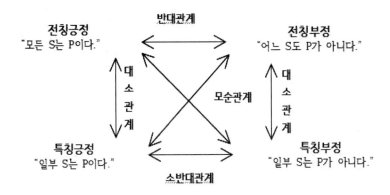

[그림 1-10] 4종류의 문장들 사이의 논리적 관계

그리고 '전칭긍정판단'과 '특칭긍정판단' 사이에는 대소관계가 성립한다. 그것은 '전칭긍정문장'이 참일 경우, '특칭긍정문장'도 참이 되는 관계이다. "모든 서울 사람은 부지런하다."라는 말이 참이라면, "일부 서울 사람은 부지런하다."라는 말도 참이라고 연역추론된다.

위와 같이 어떤 판단으로부터 다른 판단을 연역추론할 수 있는지 알아내려면, 우리는 위의 네 문장 사이의 관계를 명확히 밝혀둘 필요가 있다(그림 1-10).

이제 위의 4종류의 판단을 활용하여, 우리가 실제로 연역추론을 어떻게 할 수 있을지 알아보자. 예를 들어 만약 누군가 다음과 같은 추론 혹은 논증을 하려는 경우를 가정해보자.

(1) 모든 개구리는 양서류이다.
(2) 그리고 모든 양서류는 동물이다.

(3) 따라서 모든 개구리는 동물이다.

위의 논증에서, 전제인 문장 (1)과 문장 (2)로부터, 결론인 문장 (3)을 연역추론하는 것이 논리적으로 타당한지 어떻게 따져볼 것인가? 물론 위의 추론은 아주 단순하여, 타당한 추론이라고 판단하기 어려운 일은 아니다. 그렇지만 만약 아주 복잡한 추론을 해야 할 경우, 그 추론이 타당한지, 다시 말해서 전제가 모두 참이라면 그 전제로부터 참인 결론을 추론할 수 있는지 알아보는 일이 그리 만만하지 않을 수 있다. 아래의 다른 예를 보자.

(1) 모든 번영된 국가는 공산화되지 않는다.
　　　　　　　　　　　　　　 ― (전칭부정문장: E판단)
(2) 그리고 동남아에는 번영된 국가가 없다.
　　　　　　　　　　　　　　 ― (전칭부정문장: E판단)
(3) 따라서 모든 동남아 국가는 공산화될 것이다.
　　　　　　　　　　　　　　 ― (전칭긍정문장: A판단)

위와 같이 실제 일어나는 일이 아니라 가상적으로 따져보아야 할 경우, 조금 복잡하게 생각해보아야 한다. 그런 경우에라도 쉽게 그 타당성을 따져볼 방법이 있을 것이다. 물론 위의 추론은 타당한 추론이 아니다. 다시 말해서 전제 (1)과 (2)가 모두 참이라고 하더라도 결론 (3)이 반드시 참임을 밝힐 수는 없는 추론이다. 그렇다면 어떤 경우의 추론은 타당하고 어떤 추론은 타당하지 않은지 어떻게 알 수 있는 것일까?

우리가 만약 타당한 추론에서 이용된 문장의 형식이 어떤 관계인지 미리 알아둔다면, 어느 형식의 추론이 타당한지 아닌지를 쉽게 판단할 수 있다. 즉, 추론의 타당한 형식을 미리 파악해두자는 것이다. 그런 생각에서 미리 파악한 도표를 만들어둘 수 있다. 도표에서 간단한 기호로 AAA라고 표시한 것은 '전칭긍정판단'으로만 이루어진 삼단논법으로 그것이 타당하다는 의미이다. 위의 보기는 EEA 형식을 갖는 추론인데, 아래 도표에 없으므로 우리는 그것이 타당한 추론이 아님을 쉽게 판별할 수 있다(그림 1-11).

제 1 격	제 2 격	제 3 격	제 4 격
AAA	EAE	AAI	AAI
		IAI	AEE
EAE	AEE	AII	
		EAO	IAI
AII	EIO	OAO	EAO
EIO	AOO	EIO	EIO

[그림 1-11] 타당한 삼단논법인 추론의 형태

지금까지 알아본 논리적 형식은 과학 추론을 해야 하는 과학자들은 물론, 모든 학문을 하는 사람들에게 하나의 지침이 될 수 있다. (물론 요즘에는 이런 공부가 그다지 유용하지 않다고 지적되며, 그 이유를 2권 11장에서 다룬다.) 만약 과학자들이 이미 인정되는 이론으로부터 자신의 새로운 가설을 추론할 경우, 그리고 자신의 이론으로부터 새로운 실험 결과를 예측할 경우, 위의 도표를 활용하면 편리하게 자신의 추론의 타당성을 미리 알아볼 수도 있다. 다시 말해서, 과학자들은 위의 타당한 추론의 형식을 위배하지 않도록,

자연의 현상들을 설명하고, 예측하고, 새로운 가설을 제안할 필요가 있다. 또한 위의 도표는 토론 중에 상대의 논증이 타당한지 아닌지를 판정하기에도 아주 편리한 방법으로 활용할 수 있다. 다시 말해서, 비판적 사고 1에 유용하게 활용될 수 있다. 지금까지 아리스토텔레스의 연역적 추론의 설명을 어떻게 사용해야 하는지 구체적인 방법들을 알아보았다.

■ 본질이 무엇일까?

지금까지 알아본 아리스토텔레스의 철학적 관점에 문제는 없을까? 그의 철학적 관점에 문제가 없을지 비판적으로 검토해보려면, 그의 철학적 논증의 추론에 오류가 없는지, 또한 그의 기초 가정은 어떠한지 살펴보아야 한다. 그런 검토를 위해 간략한 요약이 필요하다.

그 관점에 따르면, 세계의 대상들은 각기 그 본질적 속성을 가지며, 우리는 그 본질적 속성을 관찰에서 파악할 수 있다. 그렇게 파악된 지식은 자연의 법칙이나 원리와 같은 것들이다. 법칙이나 원리는 개별적 사물에 보편적으로 적용할 수 있는 지식이다. 그러므로 우리가 관찰로부터 보편법칙을 알아낼 수 있다는 것은, 곧 관찰로부터 틀릴 수 없는 필연적 지식을 찾아낼 수 있다는 의미이다. 이렇게 그의 근본적인 기본 전제는 아래와 같다.

(1) 대상들은 각기 그 본질적 속성을 갖는다.
(2) 우리는 관찰로부터 본질적 속성을 설명하는 필연적 지식을

얼어낼 수 있다.

위의 전제들을 하나씩 검토해보자. 앞서 말한 바와 같이, 철학의 기본적 자세란 아주 당연해 보이는 것조차 비판적 의문을 품어보는 일이다. 그리고 그 의문을 통해서 새로운 인식을 발견하는 일이다.

첫째로, "대상들은 각기 그 본질적 속성을 갖는다."는 전제에 우리가 동의할 수 있을지 생각해보자. 그러자면 '본질이 무엇이고', '본질이 정말 존재하는지'부터 검토해야 한다. 우리는 일상적으로도 '본질'이라는 말을 자주 사용한다. 그렇지만 '본질'이 무엇인가? 우리가 정확히 그 말을 정의할 수 있기는 한 것인가? 정확히 의미도 모르면서, 그리고 사실상 명확히 규정할 수도 없는 것에 대해 막연히 붙은 추상적 개념은 아닌가? 이런 의문을 던지는 것만으로도, 지금까지 아리스토텔레스의 철학에 감탄하던 우리의 믿음에 금이 가기 시작한다.

본질이 무엇인지 정확히 규정(정의, definition)하는 것이 얼마나 어려운지를 보여주는 일화 하나를 소개하자. 아리스토텔레스가 공부했던 플라톤의 학교 아카데미에서 수업 중에 '인간'을 정의를 하는 문제와 관련하여 토론이 있었다고 전해진다. 학생들은 인간을 무엇이라고 정의할지 토론한 결과, 인간은 기본적으로 동물이며, 두 발로 걷는다는 점에서 "인간은 두 발로 걷는 동물이다."라고 결론 내렸다. 그랬더니 그날 토론 결과에 만족해하지 않은 어느 학생이 그날 밤에 학교 담장 안으로 닭 한 마리를 던져 넣었다. 아마 그 학생은 "도대체 인간을 두 발로 걷는 동물이라고 정의하다니."라고 말하며 어처구니가 없다고 했을 것 같다. 다음 날 학교에 걸어 다니는 닭을 보면서, 친구들 앞에서 "인간아! 인간아!" 하고 불렀을 것이다. 마치 어제 정의를 내렸던 친구들을 비웃기라도 하듯이 말이다.

그리하여 토론에 참여했던 학생들은 어제의 정의가 충분하지 않다고 생각하게 되었고, 다시 토론하여, "인간은 두 발로 걸으면서, 깃털이 없는 동물이다."라고 수정된 정의를 내렸다. 그러자 닭을 넣었던 학생은 그날 밤에 닭의 깃털을 모두 뽑아, 깃털이 없는 닭을 학교로 다시 던져 넣었다. 물론 다음 날 깃털이 빠진 닭이 학교 안을 돌아다니는 것을 보고 "인간아!" 하고 불렀을 것이다.

이번에도 학생들은 어제의 정의가 충분하지 않다는 생각에서 다시 수정하여, "인간은 두 발로 걷고, 깃털이 없으며, 두 손을 가진 동물이다."라고 다시 정의를 내렸다. 그러자 다음 날 그 학생은 원숭이를 학교에 데려와 "인간아!" 하며 불렀다.

역시 학생들은 어제의 정의도 부족하다는 것을 알아채고, 다시 "인간은 두 발로 걷고, 깃털이 없으며, 두 손을 가지고, 몸에 털이 없는 동물이다."라고 수정했다. 그 정의에도 만족하지 못한 학생이 어떻게 했을지 상상하면, 아마 독자도 웃음이 날 것이다. 그 학생은 원숭이에게 면도를 시켜 털을 제거하고 학교로 데려왔다. 이런 일이 실제로 있었는지, 아니면 그저 재미로 전해진 이야기인지는 명확하지 않으나, 무엇을 정의한다는 것이 얼마나 어려운지 보여주는 예이다.

아리스토텔레스는 나름 인간을 정의하였다. "인간은 이성적 동물이다." 물론 그는 분명히 인간을 본질로 정의했다고 만족스러워했을 것 같다. 그리고 사실상 오늘날도 인간에 대한 좋은 정의라고 일반적으로 인용된다. 그런데 우리가 그 정의에 만족할 수 있을지, 그리고 불만족스러운 점은 무엇일지 생각해보자. 그러면 우리는 그 정의도 충분하지 않다는 것을 어렵지 않게 발견한다. 인간 중 미친 사람들도 있으며, 전혀 이성적이라고 말하기 어려운 사람도 있기 때문이다.

더구나, 정의를 내려야 할 경우, 우리는 애매하거나 모호하지 않은 명확한 표현을 사용해야 한다. 그런데 '이성적'이란 말은 분명히 모호한 말이다. 그 말뜻이 어느 정도를 가리키는 것인지 불분명하기 때문이다. 여기에서 '애매하다(ambiguous)'는 것은 어느 말이 둘 이상의 의미로 사용되는 경우이며, '모호하다(vagueness)'는 것은 그 말의 경계가 불분명한 경우이다. 예를 들어 "나는 너를 좋아해." 라는 말은 모호한 말이다. 그것만으로는 좋아하는 정도가 얼마인지 알기 어렵기 때문이다. 위의 '이성적'이란 말 역시 그렇다. 동물 중에 개는 상당한 정도로 의도적인 계획을 할 줄 알고, 기억하며, 신의도 지킬 줄 안다. 그러나 우리는 그것에 대해 이성적이라고 말하지는 않는다.

앞에서 우리는 '본성' 혹은 '본질'이란 말이 무엇인지 정의하기도 어려울 뿐만 아니라, 그것이 가리키는 것이 무엇인지 알기 어려운 불명확한 말이라는 것을 알아보았다. 더구나 일부 철학자들은 '본질'이란 말이 존재하는 무엇을 가리키는 것인지 의심하기도 한다. 이런 이야기는 플라톤의 '개념적 존재'에 대한 이야기와 유사한 논쟁을 불러일으키는 측면이 있다.

* * *

둘째로, "우리는 관찰로부터 본질적 속성을 설명하는 필연적 지식을 얻어낼 수 있다."는 전제를 검토해보자. 그는 관찰로부터 사물의 본성을 파악할 수 있으며, 그리하여 보편법칙과 같은 필연적 지식을 찾아낼 수 있다는 신념을 가졌다. 예를 들어, "모든 무거운 것은 아래로 떨어진다."라는 명제가 참인 이유를, 그는 "그것들이 땅으로 떨어지는 본성을 갖기 때문이다."라고 설명했다. 그리고 그것을 알아낸 추론의 방법은 귀납적 일반화를 통해서라고 밝혔다.

그렇지만 귀납추론은 후대의 학자들에 의해서, 특히 흄에 의해, 그 논리적 추론 자체가 필연성을 보증할 수 없는 추론 형식이라고 지적되었다. 지금까지 관찰한 것에서 앞으로 일어날 모든 것에 대해 단정하기 어렵기 때문이다. 앞의 예를 다시 살펴보자. 주위의 맨드라미꽃을 관찰하고, 누군가 "모든 맨드라미꽃은 붉은 꽃을 피운다."라는 일반화를 얻을 수 있겠지만, 그것은 어디까지나 지금까지의 관찰에 대한 종합일 뿐이다. 만약 다른 곳에 갔다가 맨드라미꽃이 노랑인 것을 본다면, 즉 그런 사실적 관찰이 단 하나라도 있기만 하다면, 그동안 신뢰했던 일반화는 단번에 무너지고 만다. 실제로 맨드라미는 노란 꽃을 피우기도 한다. 다시 말해서, 귀납추론 자체의 논리적 형식에 문제가 있다.

그러한 귀납추론의 논리적 형식이 어떤 문제를 갖는지 알아보기 위해 그것과 대비되는 연역추론 형식을 먼저 살펴보자. 연역추론의 특성을 명확히 알아보기 위해, 각 명제 오른쪽에 간략히 기호로 표기한다.

모든 사람은 죽는다.　　　　　— A는 B이다.

소크라테스는 사람이다.　　　　— C는 A이다.

따라서 소크라테스는 죽는다.　　— 따라서 C는 B이다.

위의 오른쪽 형식을 보면 연역추론은 결론의 내용인 'C'와 'B'에 관한 내용을 첫째 전제와 둘째 전제의 내용 속에 이미 포괄하고 있다. 따라서 그 형식이 타당하기만 하면, 전제의 내용으로부터 결론의 내용이 필연적으로(반드시) 추론될 수 있다.

이번에는 귀납추론이 형식적으로 어떤 특징을 갖는지 알아보자. 그것을 위해 역시 오른쪽에 간략히 기호로 표기한다.

우리 집 맨드라미꽃은 붉은색이다.	— A_1은 B_1이다.
친구 집 맨드라미꽃도 붉은색이다.	— A_2은 B_2이다.
학교 화단의 맨드라미꽃도 붉은색이다.	— A_3은 B_3이다.
…	…
…	…
…	…
옆 마을의 맨드라미꽃 모두가 붉은색이다.	— A_n은 B_n이다.

따라서 모든 맨드라미꽃은 붉은색이다.   — 모든 A는 B이다.

위의 오른쪽에 표기한 내용을 보면, 우리는 귀납추론의 형식이 A에 관한 1부터 n개까지의 증거로부터, A의 '모두'에 대해 주장하는 것을 볼 수 있다. 다시 말해서, 10개 혹은 100개의 증거를 가지고, 앞으로 일어날 무한히 많은 것들에 관해 주장한다. 그러한 측면에서, 결론은 언제나 전제보다 많은 내용을 주장한다. 따라서 귀납추론은 참인 전제로부터 참인 결론을 필연적으로(반드시) 추론할 수 없다. 다만 '가능성'으로 혹은 '개연성'으로 추론할 수 있을 뿐이다. 후대에 흄에 의한 이러한 지적으로, "귀납추론을 통해서 본성을 파악한다."는 주장과 "필연적 자연법칙을 파악할 수 있다."는 아리스토텔레스의 주장은 설득력을 잃고 만다.

위의 비판적 검토를 통해서 과학 연구자들이 잘 인식해야 할 것이 있다. 어느 과학자라도 자신의 이론이 '관찰된 증거'로부터 일반화 혹은 법칙을 유도한 것이므로, 자신의 이론이 '틀릴 수 없다'는 믿음을 쉽게 가져서는 안 된다. 예를 들어, 우리는 일상적으로 물체들이 위에서 아래로 떨어지는 것을 본다. 그런 관찰을 통해서 "모든 물체가 반드시 위에서 아래로 떨어진다."라고 추론하는 것에 문제가 없을 것처럼 생각될 수 있다. 그렇지만 연기는 위로 올라가며, 공기보다 가벼운 수소를 채운 풍선은 위로 올라간다. 물론 그런 결함을 벗어나기 위해 뉴턴은, "지구의 모든 물체가 지구 중력장의 영향을 받는다."라고 변경했다. 뉴턴에게 본질은 필요하지 않았다.

* * *

다음으로 아리스토텔레스의 자연에 대한 목적론적 설명 또는 이해를 검토해보자. 그의 목적론에 대한 결정적인 비판적 논의는 갈릴레이와 데카르트의 기계론에서 나온다. 그들의 지적에 따르면, '본성'에 의한 설명이 설명으로서 자격을 가지기나 하는지 의심스럽다. 예를 들어 "저 다리가 왜 무너졌는가?" 질문이 나왔을 때, 단지 "그 다리가 무너질 수밖에 없는 '본성'을 갖기 때문이다."라고 대답한다면 '그것도 설명이냐'는 지적이 나올 것이다. 본성에 의한 설명은 '그냥 그렇다'는 것일 뿐 전혀 설명이 아니라는 지적이다. 그 지적은 가히 아리스토텔레스의 철학 전체를 무너뜨릴 정도의 충격을 준다고 할 만하다. (이것을 2권에서 다룬다.)

* * *

　지금까지 아리스토텔레스의 철학적 관점이 갖는 문제점들을 살펴보았다. 그렇지만 그 철학적 관점의 가치, 즉 그에 대한 평가는 다른 문제이다. 다시 말해서, 위에서 지적한 문제점이 있다고 해서, 그의 학문에 학술 가치가 없다고 말하는 것은 적절치 않다. 위에서 말한 그의 논리적인 지적조차도 사실상 그의 논리학으로부터 발전시킨 것임을 고려한다면, 그렇게 말하기 어렵다. 연역추론과 귀납추론을 처음 체계적으로 이야기한 학자가 바로 아리스토텔레스이다. 그리고 무엇을 설명하려면 연역적으로 혹은 논리적 체계로 설명해야 한다는 그의 아이디어는 후대에 큰 영향을 주었다. 그에 의해서 후대의 학자들은 다음과 같은 생각을 명확히 가지게 되었다. 우리가 무엇을 안다고 한다면 그것을 체계적으로 설명할 수 있어야 하며, 그렇지 못하고서는 안다고 말하기 어려울 것이다.

　뿐만이 아니라, 앞에서 인공지능 연구가 해결해야 할 문제가 플라톤의 의문이라 말했듯이, 현대 인공지능 연구가 해결해야 할 다른 하나의 문제가 바로 아리스토텔레스의 의문에서 나온다. 그의 철학적 관점에 따르면, 우리가 무엇을 예측하고 설명할 수 있으려면 일반화를 가져야 한다. 후대의 무수한 학자들이 아리스토텔레스의 과제를 이어서 탐구하였지만, 아직 그것에 관한 만족스러운 대답을 그들은 얻지 못했다. 이 문제가 지금도 중요한 이유는, 인공지능도 무엇을 예측하려면 일반화를 가져야 하기 때문이다. 그런데 일반화가 무엇인가?

　플라톤과 아리스토텔레스의 의문에 대한 대답으로 어떤 시도들이 있었으며, 현대 뇌과학과 인공지능 연구를 통해서 어떤 대답을 얻을 수 있을지 2권과 3권, 그리고 4권에서 논의한다.

역사적으로 서양 철학에는 세계에 대한 '설명' 혹은 '이해'에서 두 개의 상반된 관점이 있었다. 목적론과 상반된 입장으로 '기계론(mechanism)'이 있다. 기계론의 주창자로 갈릴레이와 데카르트, 그리고 뉴턴이 거론된다. 그들의 관점에 따르면, 세계를 정확하고 예측 가능하게 말하려면, '수학적 계산'으로 설명해야 한다. 그리고 자연에 대해 인간의 관점에서, 즉 목적이나 의도를 끌어들여 해석하는 것은, 세계에 대한 객관적 이해에 도움이 되지 않는다. 자연에서 일어나는 사건들은 무질서하게 일어나는 것이 아니며, 그 속에 규칙 혹은 법칙이 있기 마련이므로, 과학자들은 자연에 있는 규칙(법칙)을 발견해내어, 그것으로 세계를 설명하도록 애써야 한다. 그렇게 발견된 법칙에는 목적이 배제된다. 그리고 물질이 작용하는 규칙 자체만이 자연의 현상을 설명해주는 '이유'가 된다. 이것이 기계론의 기본 입장이다.

6 장

그리스 과학기술과 기하학

> 우주의 질적 차이는 기하학적 구조의 차이에 있으며, 사물의 본
> 성은 기하학적 구조이다.
>
> _ 피타고라스

■ 합리적 지식 체계

고대 그리스 단원을 마치면서, 당시의 과학기술과 철학적 인식을 돌아볼 필요가 있다. 그 과학기술 문명에 대한 철학적 인식은 앞으로 이야기할 근대의 과학기술 문명에 큰 영향을 미쳤기 때문이다. 앞서 이야기했듯이, 과학기술은 철학과 떼놓을 수 없는 관계를 갖는다. 철학적 기초로 다져진 고대 그리스 과학기술 문명은 그만큼 특별한 문명이었다. 여기에서 특별히 관심을 가질 만한 분야의 과학기술은 의술과 천문학이다.

앞서 이야기했듯이, 고대 그리스에는 운동경기를 벌이는 운동장, 즉 '김나지움(gymnasium)'이 도시 외곽 이곳저곳에 있었다. 그중 대표적인 곳으로 플라톤의 학교로 알려진 아카데미(Academy)가 있

고, 아리스토텔레스가 세운 리케움(Lyceum)이 있었으며, 디오게네스(Diogenes)가 이끌었던 시노사게스(Cynosarges) 외에 여러 곳이 있었다. 김나지움은 기본적으로 운동경기를 벌이고 선수들이 훈련하는 장소였지만, 다친 선수들을 치료하는 장소이기도 했다. 그러다 보니 그곳은 의술을 벌이는 장소로 발전하였다. 물론 그곳은 사람들이 모여들어 사회문제나 학술적 토론을 벌이는 장소이기도 했다.

서양 의술의 아버지로 불리는 히포크라테스(Hippocrates of Cos, 기원전 460-370) 역시 김나지움에서 활동했던 의사였다. 그러한 의학적 연구는 갈레노스(Galen, 129-200)로 연결된다. 갈레노스는 해부학적으로 근육에서 뇌로 연결된 희끄무레한 줄(신경)이 무언가 중요하다고 생각했다. 혼백(pneuma)이 육체를 움직이게 한다는 당시의 믿음에 따라서 그는 그 줄이 혼백 혹은 심령을 전달하는 부분이라고 믿었다. 그는 심령이 근육을 부풀게 하면 신체의 동작이 일어난다고 추론했다. 생명에 대한 이러한 입장을 생기론(vitalism)이라고 말한다. 이러한 믿음은 훗날 데카르트(1596-1650)에까지 영향을 미쳤으며, 19세기 생물학자들과 해부학자들이 신경계 작용을 밝혀내기 전까지 유럽에서 정설로 인정되었다.

한편, 그리스 천문학에서도 우리의 관심을 끄는 주장들이 있었다. 사모스 섬의 아리스타르쿠스(Aristarchus, 기원전 310-230)는 태양 중심설의 우주론을 주장했다. 당시 아리스토텔레스를 포함하여 학자들 대부분은 우주의 중심이 지구라는 천동설(지구 중심설, geocentrism)을 믿었다. 그렇지만 그는 천체를 면밀하게 관찰하고 분석한 결과, 지동설(heliocentrism)을 주장하였다. 그의 주장에 따르면, 별과 태양은 고정되어 움직이지 않으며, 어쩌면 별은 아주 멀리 있는 태양 같은 것이다. 우리가 보기에 그것들이 지구를 중심으로 회전하는 듯 보이는 것은 지구 자체가 회전하기 때문이다. 이러한 주장 이외에 그는 삼각측량 방법을 활용하여 달과 해의 거리와 크기를 계산하였다. 그는 기하학으로 달과 태양의 크기는 물론 지구로부터 달과 태양까지의 거리도 계산해 보였다. 그는 월식을 이용한 측정과 계산을 통해서, 구형인 태양의 직경은 달의 18배에서 20배 정도 크다는 주장을 내놓았다. 그의 지동설을 지지하는 학자로 에라토스테네스가 있었다.

아테네의 에라토스테네스(Eratosthenes, 기원전 276-195 추정)는 수학자이며, 지리 연구가이고, 시인이며, 천문학자이고, 음악 이론가이기도 했다. 그는 지리학의 아버지로 불린다. 추정컨대, 그는 세계지도를 만들면서, 지구가 평평하다고 가정할 경우 지역들 사이의 거리가 잘 맞지 않는다고 알았을 것 같다. 그것을 설명하려면 그는 지구가 둥글다고 가정했어야 했을 것이다. 지리를 연구하는 그는 천문학과 기하학을 연구한 결과 지구의 크기를 계산할 수 있었다. 그는 적도에 위치한 이집트의 고대 도시 알렉산드리아(Alexandria)와 아스완(Aswan, 현재 지명은 시에네(Syene))에서 같은 시각에 실험 관측하였다(그림 1-12). 아스완의 우물에 그림자가 전혀 생기지 않는 시각(정오)에, 알렉산드리아에 세워놓은 막대가 만드는 그림자로 태양의 고도를 측정하였다. 이렇게 이미 알고 있는 두 지역 사이의 거리와 태양의 고도(각도)를 이용하여, 기하학적으로 지구의 반경을 계산하고, 마침내 지구 둘레를 계산할 수 있었다. (다양한 분야를 공부하는 통섭 연구는 이렇게 여러 학문을 연구하는 가운데 서로 부합(consilience)하지 못하는 것들을 발견할 수 있게 해준다. 통섭 연구는 다양한 분야의 지식 사이에 무엇이 서로 부합하지 않는지, 따라서 무엇을 수정해야 할지 등을 알려준다. 다시 말해

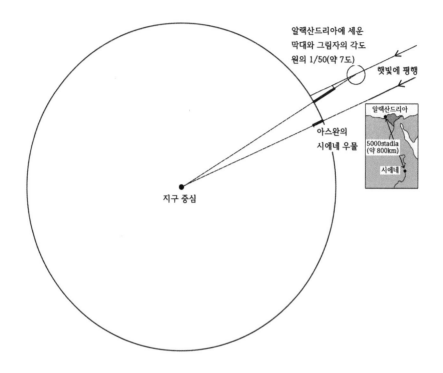

[그림 1-12] 에라토스테네스가 지구 반경을 계산하기 위한 관측

서 통섭 연구는 창의성을 유도한다.)

그러나 그의 주장과 아리스타르쿠스의 너무 앞선 주장은 당시에 인정받지 못했다. 그들의 주장은 다른 여러 의문을 설명하지 못하는 부담을 안고 있었다. 예를 들어, 만약 그들의 주장이 옳다면, 둥근 지구 아래쪽 면에 사는 사람들은 왜 밑으로 떨어지지는 않을지, 그리고 거대한 지구를 누가 회전시키는지 등의 여러 의문을 설명할 수 없었다.

살펴보았듯이, 그리스인들의 천문 연구는 기하학 원리에 따라서 이루어졌다. 그리고 이러한 전통은 아주 최근까지도 이어지고 있다. 2권에서 살펴보겠지만, 뉴턴조차 기하학을 활용하여 천문을 연구하였다. 당시로서 천체를 실질적으로 측정하기 어려웠음에도 불구하고, 그들은 자신이 연구한 천문학을 신뢰하고 주장할 수 있었다. 그것은 플라톤처럼 그들도 기하학의 원리가 진리를 밝혀줄 방법이라고 확고히 믿었기 때문이다.

앞서 이야기했듯이, 처음 이집트에 유학하여 '측량술'을 배우고 그것을 그리스 문화권에 기하학으로 소개한 사람은 그리스 철학자 탈레스이며, 이후 기하학은 피타고라스, 아르키메데스(Archimedes) 등으로 계승되고 발전되었다. 그런데 훗날 유럽의 과학에 가장 큰 기여는 누구보다, 기하학의 아버지로 불리는 유클리드이다. 그러므로 아르키메데스를 잠시 미뤄두고 유클리드를 이야기해보자. 유클리드가 연구한 기하학을 살펴보면, 그리스인들이 기하학 지식을 활용하여 천문학을 연구하고, 그 결과를 신뢰했던 이유를 이해할 수 있기 때문이다.

■ 기하학과 천문학

유클리드(Euclid, 기원전 325-265)는 플라톤 학파의 사람이라는 것 외에 그다지 정확히 알려진 것은 거의 없다. 그는 기원전 300년 경 『기하학 원론(Elements)』을 저술하였다. 앞서 살펴보았듯이, 당시 천문학의 실험 기술은 그 기초 이론인 기하학과 긴밀히 연결되며, 또한 기하학은 학문의 기초를 탐구하는 철학과 긴밀히 연결된다. 유클리드는 기하학 지식이 어떻게 진리일 수 있는지를 그 완벽한 체계로 보여주었다. 추정컨대 그가 이러한 체계를 완성할 수 있었던 것은, 그가 플라톤 철학을 계승했기 때문일 것이다.

유클리드 기하학 지식의 체계는 데카르트의 기계론, 공리적 체계, 환원주의 등의 중요한 기반이며, 뉴턴 역학의 기반이기도 하다. (어떻게 그러한지를 2권에서 다룬다.) 뿐만 아니라 기계론적 세계관을 벗어나 새로운 세계관을 가져야 한다는 현대의 주장도 비유클리드 기하학의 출현과 긴밀히 관련된다. (이러한 이야기는 3권에서 다룬다.) 그러한 이유에서 완전한 합리적 지식 체계로 보였던 유클리드 기하학을 여기서 살펴볼 필요가 있다.

유클리드 기하학은 합리적 체계의 전형을 보여주며, 그 체계는 다음과 같이 구성된다. 그 체계는 우선 '공준(Postulates)'과 '공리 (Axioms)'를 가정하며, 용어에 대한 엄밀한 '정의(Definitions)'를 규정한다. 그리고 그것들로부터 연역적으로 '정리(Theorem)'을 유도한다. 나아가서, 모든 기하학적 지식은 그 정리로부터 증명될 수 있고, 체계적으로 구성되어 있다. 이 말의 의미를 이제 구체적으로 알아보자.

우선, 공준은 기하학의 가장 기초가 되는 전제로, 그 다섯 공준은 부정될 수 없다. 그것들은 아주 단순하여, 그 무엇으로부터도 증명될 필요가 없으며, 따라서 학자들은 이것들을 '자명한' 지식이라고 믿었다. 고대 그리스에서부터 19세기까지 거의 2천 년이 넘는 동안 그렇게 믿어왔다. (물론 20세기 이후는 그렇지 않다.)

공준 1. 임의의 점에서 다른 임의의 점까지 직선을 오직 하나 그을 수 있다.

공준 2. 임의의 선분은 직선으로 무한히 연장할 수 있다.

공준 3. 임의의 점과 임의의 거리가 주어질 경우, 그 점을 중심으로 일정 거리를 반경으로 하는 원 하나가 그려질 수 있다.

공준 4. 모든 직각은 서로 같다.

공준 5. 한 직선이 다른 2개의 직선과 서로 만나고 그 직선 한쪽에 있는 내각의 합이 2직각보다 작을 경우, 2개의 직선을 한없이 연장하면 그 내각이 있는 쪽에서 만나게 된다. (또는 평행한 2개의 직선은 무한히 연장하여도 만나지 않는다.)

위의 공준들이 자명한 참이라는 말을 어떻게 이해할 수 있을까? 만약 누군가가 위의 공준 1에 대해 아래와 같이 부정한다고 가정해보자. "나는 연필을 아주 뾰족하게 만들어, 두 점 사이에 직선을 둘 그릴 수 있었어." 누가 이렇게 주장한다면, 누구라도 다음과 같이 대응할 듯싶다. "만약 네가 두 선을 그렸다면, 그것은 분명 완벽한 직선이 아니다." 그런데 그렇게 주장하는 사람이 만약 계속해서 다음과 같이 고집을 부린다면, 우리는 어떻게 응대해야 할까? "넌 그려봤니? 난 직접 그려봤는데!" 기하학을 조금 공부해본 사람이라면, 그런 주장을 용납하기 어렵다는 것을 바로 알 수 있다. 왜냐하면 두 점 사이에 오직 하나의 선을 그릴 수밖에 없다는 것은 실제로 그려보는 것과 무관하기 때문이다. 눈을 감고 상상만 해도 그러하지 않을 수 없다는 것을 알 수 있다. 이러한 측면에서 우리는 위의 공준들이 증명될 필요가 없으며, 따라서 그 자체로 자명하다고 인정하게 된다. 왜냐하면 위의 기하학 가정들은 '이성적' 사고만으로 파악되기 때문이다. 그 이유를 다음에 이야기할 기하학 용어들의 정의를 검토하면서 알아보자.

다음으로, 공리는 기하학뿐 아니라, 여러 분야에 적용될 수 있는 아래와 같은 다섯 원리이다. 그 원리들 역시 '이성적'으로 혹은 '논리적'으로 참이라는 점에서, 만약 누구라도 그 원칙을 어긴다면, 아마 그는 논리적이지 않다고 평가될 만하다. 물론 이러한 다섯 공리 역시 그 어떤 무엇으로부터도 증명될 필요가 없다는 점에서 '자명한' 계산 규칙이라고 최근까지 가정되어왔다.

공리 1. 동일한 것과 같은 것들은 서로 같다.
공리 2. 같은 것에 같은 것을 각각 더하면, 그 합도 서로 같다.
공리 3. 같은 것에서 같은 것을 각각 빼면, 나머지도 서로 같다.
공리 4. 서로 겹치는 것들은 서로 같다.
공리 5. 전체는 부분보다 크다.

유클리드는 기하학이 위와 같은 전제로부터 엄밀하게 증명된 학문임을 보여주기 위하여 아래와 같이 기하학 용어들을 엄밀히 정의했다. (여기서는 앞으로 이야기할 필요가 있는 용어 몇 가지만을 소개한다.)

정의 1. '점'이란 부분을 갖지 않는 것이다.
정의 2. '선'이란 폭이 없는 길이이다.
정의 5. '면'이란 길이와 폭만을 가진 것이다.
정의 10. 한 직선 위에 다른 직선을 세울 때 만들어지는 인접한 두 각이 서로 같을 경우, 그 같은 각을 '직각'이라고 한다. 또한 직선 위에 세운 다른 직선을 그 직선에 대한

'수직선'이라고 한다.

정의 14. '도형'이란 하나 또는 몇 개의 경계선으로 둘러싸인 것
이다.

정의 15. '원'이란 하나의 선에 의해 둘러싸인 평면 도형으로서,
그 도형 내에 있는 어떤 한 점으로부터 그 선에 이르는
직선의 길이가 모두 같은 것이다.

정의 23. '평행선'이란 동일 평면상에 있는 것으로, 양쪽으로 무
한히 연장해도 서로 만나지 않는 직선을 말한다.

유클리드는 위의 '공준', '공리', '정의'로부터 기하학의 기초 원
리인 '정리'를 연역논리로 유도하고 증명하였다. 그리고 다시 그 정
리들로부터 다른 기하학적 지식을 연역논리로 증명할 수 있었다.
그러한 측면에서 '정리'는 기하학 증명에서, 두 번째의 출발점이라
고 할 수 있다. 이제 공준과 공리, 그리고 정의로부터 아래의 아주
단순한 정리가 어떻게 증명되는지 알아보자.

[정리 1] 두 점 A와 B를 잇는 직선 AB의 양 끝을 중심으로, 선
분 AB를 반지름으로 하는 두 원을 그렸을 때 만나는
점 C에서 A와 B에 선을 그어 만들어지는 삼각형 ABC
는 정삼각형이다.

위의 정리를 (앞에서 언급된) 공준과 공리, 그리고 정의로부터 어
떻게 유도하는지 이해하기 쉽게 아래와 같이 단계적으로 설명해보
자.

(1) [그림 1-13a]처럼 두 점 A와 B 사이를 연결하는 직선을 하나 그릴 수 있다. 그것은 (공준 1) "두 점 사이에 직선을 오직 하나 그릴 수 있다."에 의해서 인정된다. 만약 두 점 사이에 두 개의 선이 그려진다면 나중에 삼각형 ABC는 둘이 될 것이므로, 오직 하나의 삼각형이 그려질 것임을 처음부터 명확히 규정해야 한다.

A •———————→ B

[그림 1-13a] 두 점 사이에 최단 거리 직선을 오직 하나만 그릴 수 있다.

(2) [그림 1-13b]와 같이, 두 점 A와 B를 중심으로 두 원호를 각각 그릴 수 있다. 그것은 위의 (공준 3) "한 점을 중심으로 적어도 원을 하나 그릴 수 있다."는 가정에 따라서 인정된다.

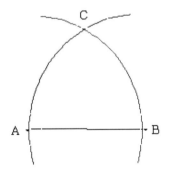

[그림 1-13b] 두 점 A와 B에서 선분 AB를 반지름으로 하는 원호를 그리면 만난다.

(3) (공준 5) "평행하지 않은 직선을 연장하면 서로 만난다."는 가정에 따라서, 두 점 A와 B를 중심으로 그린 원호는 틀림없이 점 C에서 만난다.

(4) 역시 (공준 1) "두 점 사이에 최단 거리 직선을 오직 하나 그릴 수 있다."는 가정에 따라서 점 A와 점 C에, 그리고 점 B와 점 C에도 오직 한 선을 연결할 수 있다. 그리고 이렇게 그려진 삼각형 ABC는 [그림 1-13c]와 같이 어떤 경우에도 둘일 수 없으며, 오직 하나이다.

(5) 그리고 (정의 15) "원이란 같은 거리에 있는 점들의 집합이다."에 따라서 동일 원의 반지름인 직선 AC와 직선 BC는 길이가 같고, 역시 다른 원의 반지름인 직선 AB와 직선 BC도 길이가 같다.

(6) 따라서 세 점 A, B, C에 의해서 그려지는 삼각형 ABC는 정삼각형이다.

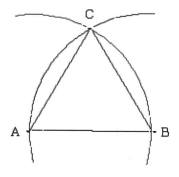

[그림 1-13c] 그 만난 점 C를 A와 B에 연결하면 삼각형이 만들어진다.

지금까지 공준과 공리, 그리고 정의로부터 [정리 1]이 어떻게 증명되는지 알아보았다. 그런데 위의 이야기에서 가장 강조되는 것은, 자명한 전제인 '공준들'로부터 엄밀히 추론된 '정리' 역시 '틀릴 수 없는' 지식이라는 점이다. 간단히 말해서 자명한 전제로부터 엄밀한 연역추론을 통해 추론되는 기하학적 지식은 모두 틀릴 수 없는, 즉 '논리적 참'인 지식을 구성한다. 한마디로, 유클리드는 기하학을 완전한 합리적 체계로 만들었다.

다시 강조하건대, 기하학의 전제인 공준은 경험적으로 파악된 지식이 아니며, 이성적으로 파악된 지식이다. 따라서 모든 기하학 지식은 이성적 혹은 논리적 참인 지식이다. 기하학 지식에 대한 이러한 인식은 앞으로 논의될 데카르트와 뉴턴을 이해하기 위해서는 물론, 칸트를 이해하기 위해서도 매우 필요하다. 그리고 기계론적 사고 자체를 이해하는 데 꼭 필요하다. 물론 기계론적 사고를 비판하는 현대의 새로운 철학을 공부하기 위해서도 구체적으로 알 필요가 있다.

* * *

유클리드 기하학과 관련하여 기하학의 존재론을 이야기해보는 것도 흥미로울 수 있다. 기하학적 '점', '선', '면' 등의 정의를 비판적으로 생각해보자.

이러한 의도에서 [그림 1-14a]에 대해 질문해보자. 그림 (a)를 '선'이라고 말해야 할까, 아니면 '면'이라고 말해야 할까? 아마 누구라도 위의 질문에 대해 별로 망설임 없이 아래와 같이 대답할 것이다. "그것은 '면'이다." 그렇게 대답이 나온다면, (b)에 대해서도 같은 질문이 이어진다. "그러면 (b)도 '면'이라고 말할 수 있겠는가?" 아마도 앞선 질문의 대답과 일관성을 유지하기 위해 아래와

(a)   (b)   (c)

[그림 1-14a] 만약 (a)를 면이라고 말한다면, (b) 역시 면이라고 말해야 하며, (c) 역시 선이 아니라 면이라고 말해야 한다.

같이 대답해야 할 것이다. "그렇다."

　이제 동일한 질문이 (c)에 대해서도 이어진다. "그렇다면 (c)도 아주 가는 '면'이라고 할 수 있겠는가?" 앞에서 대답했던 사람은 갑자기 이 질문에 즉각적으로 대답하기를 주저할 것이다. 앞의 대답과 일관성을 유지하려면 "그렇다"라고 대답해야 한다. 그렇지만 그렇게 대답하기 주저하는 이유는, 일상적으로 우리는 (c)를 선이라고 여겼기 때문이다. 따라서 여기에서 '면'이라고 인정하기를 주저할 것이다. 사실상 유클리드의 '정의'에 따르면, '선'이란 '폭이 없는 길이'이다. 그러므로 실제로 아무리 가늘게 선을 그리더라도 그 폭이 있다는 점에서 진정한 '선'이 아니다. 사실 유클리드가 정의한 '선'이란 실제로 그릴 수 있는 것을 가리키지 않는다. 그러므로 유클리드의 '선'은 이성적으로 파악되는 선을 의미한다.

　[그림 1-14b]를 보면서 같은 이야기가 가능하다. 그림 (a)는 원으로 생긴 '면'이며, (b)도 역시 '면'이라고 할 수 있고, 같은 맥락에서 (c) 역시 작은 '면'이라고 말해야 한다. (c)를 점이라고 할 수 없다. 유클리드의 정의에 따르면 점이란 '부분이 없는 것'이기 때문이다. 그러므로 아무리 작은 점을 그리더라도 실제로 그려진 것인 한에서 그것은 면적을 가지고 있으며, 따라서 진정한 의미에서 '점'이

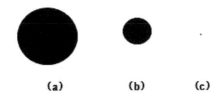

(a)   (b)   (c)

[그림 1-14b] 만약 (a)를 원이라고 말한다면, (b) 역시 원이라고 말해야 하며, (c) 역시 점이 아니라 원이라고 말해야 한다.

아니다. 그 점에서 유클리드가 말하는 '점'이란 이성적으로 파악되는 것이며, 경험적으로 확인할 수 있는 것을 가리키지 않는다.

이제 독자는 [그림 1-14c]을 보면서 어떤 이야기를 하게 될지 미리 짐작할 수 있다. (a)에 대해서 우리는 입체라고 말할 수 있으며, (b)에 대해서도 역시 그보다 두께가 얇기는 하지만 '입체'라고 말할 수 있다. 같은 맥락에서 (c)도 그려진 한에서는 입체이다. 아무리 얇다고 하더라도 그것이 두께를 가진다면 2차원의 평면이라고 말할 수 없다. 그러므로 평면도 역시 실제 세계에 그려질 수 있거나 우리가 경험적으로 볼 수 있는 것은 아니며, 단지 이성적으로 파악할 수 있을 뿐이다.

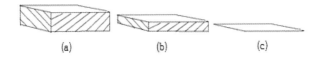

(a)   (b)   (c)

[그림 1-14c] 만약 (a)를 입체라고 말한다면, (b) 역시 입체라고 말해야 하며, (c) 역시 평면이 아니라 입체라고 말해야 한다.

이상의 이야기를 정리하자면, 실제로 그려진 점을 '점'이라고 말할 수 없으며, 실제로 그려진 선을 '선'이라고 말할 수 없다. 그러한 관점에서 우리는 기하학적 존재가 어떤 존재인지 생각해볼 수 있다. 철학의 한 관점에 따르면, 그러한 것들은 '논리적' 존재이다. 사실 세계에 존재하지 않지만, 객관적으로 알 수 있는 대상으로서 존재한다는 의미에서 그렇다. 나아가서 기하학적 공간 자체에 대해서도 비슷한 이야기가 통용될 수 있다.

* * *

유클리드가 이렇게 기하학의 완전한 합리적 체계를 만들었을 시기보다 조금 늦게, 기하학을 매우 잘 활용한 학자로 아르키메데스가 있다. 아르키메데스(Archimedes, 기원전 287-212 추정)는 지금의 이탈리아 남부 시칠리아 섬의 시라쿠사 왕국에서 살았다. 그는 수학자이며, 물리학자이며, 천문학자이고, 발명가이기도 하였다. 그는 특히 기하학과 수학의 기초 연구는 물론 역학과 광학도 연구하였다. 기하학과 수학을 많이 연구하여 다음과 같은 말을 했던 것으로 유명하다. "나에게 설 자리와 지렛대를 주면 지구를 들어 올려 보이겠다."

또한 물체의 비중에 대한 아르키메데스의 발견은 너무 유명하다. 당시의 국왕은 자신의 왕관에 다른 금속이 얼마 섞였는지 알아내도록 아르키메데스에게 명령하였다. 그 방법을 찾으려 고심하던 그는 어느 날 목욕을 위해 욕조에 들어섰다. 그때 욕조에 물이 넘치는 것을 보고서, 그는 그 해결 방법을 발견하였다. 그 발견의 기쁨에 그가 욕조에서 뛰쳐나오며 "유레카(알아냈어)!"라고 외친 일화는 매우 유명하다. 그는 부력의 원리를 이용하여 왕의 금관에 은이 얼마나 섞였는지를 밝혀냈다. 물론 그가 욕조에 들어서는 순간 그렇게 갑작스레 발견이 나타났다는 순진한 이야기를 의심하는 이들도 있다.

또한 아르키메데스 나사의 원리로 낮은 곳의 물을 높은 곳으로 퍼 올리는 펌프를 발명하기도 하였다. 그리고 그는 광학을 연구하였고, 많은 반사 거울로 빛을 모아서 침략군의 범선을 불태웠으며, 지렛대 원리를 이용하여 해안에 접근하는 배를 뒤집었다고도 전해진다. 그렇지만 그는 군인이 아니었으며, 그저 새로운 원리를 발견하는 일에 즐거워했다. 그는 자신의 국가가 로마에 점령당한 것도 모른 채, 해변의 모래 위에 도형을 그리며 기하학을 연구하던 중 침략한 로마 병사에 의해 살해되었다고 전해진다.

* * *

이후로 주목받을 만한 그리스 학자는 '톨레미'라고도 불리는 클라우디우스 프톨레마이오스(Claudius Ptolemaeus, 100-170 추정)이다. 프톨레마이오스는 그리스 문명의 인물이지만, 그가 태어나고 활동한 곳은 지금의 이집트 지역이다. 당시에는 이집트가 로마 제국의 지배를 받았고, 그는 그곳을 다스리던 프톨레마이오스 왕족의 인물이었다. 그는 왕족이었지만 학문에 관심이 많아서, 수학자이며, 천문학자이고, 지리학자이며, 점성학자이기도 했다. 프톨레마이오스는 지도 연구에서도 큰 업적을 남겼다. 그가 남긴 저술『지리학(Geography)』의 지도는 마치 위도와 경도 같은 격자 좌표로 지리적 위치들을 표현하였다.

그가 기원후 140년경에 그리스어로 저술한 천문학 저서는 827년 아랍어로 번역되어『알마게스트(Almagest)』란 이름으로 더욱 유명하다. 훗날 그가 살던 지역은 아랍 문명이 지배하였고, 따라서 그의 저술은 아랍어로 번역되고 연구되었고, 12세기 후반에 라틴어로 번역되었으며, 나중에 유럽으로 전해졌다.

프톨레마이오스의 천문학 가설은 당시 설명하기 어려웠던 천동설을 수정 및 보완하는 이론이었다. 앞서 살펴보았듯이 지동설을 주장하는 학자가 있기는 하였지만, 아리스토텔레스를 포함하여 고대 그리스 학자 대부분은 천동설을 지지하였다. 즉, 우주의 중심이 지구이며, 우주의 천체들은 지구를 중심으로 회전한다는 믿음은 천문학에서 정설이었다. 그러한 믿음에도 불구하고 아래와 같이 천동설이 설명해야 할 부분이 드러났다. 그것은 지구의 둘레를 회전하는 별들이 주기적으로 밝아졌다가 어두워지기를 반복하며, 어떤 것은 역행운동을 보여준다는 관측이다.

프톨레마이오스는 천동설의 부족한 설명을 채워줄 가설로 주전원(epicycle)과 동시심(equant points)을 제안하였다. 지구를 중심으로 회전하는 어떤 천체들은 정확히 지구를 중심으로 회전한다기보다, 편향된 동시심을 중심으로 회전한다. 예를 들어, 달과 태양이 동시심을 중심으로 회전하므로, 지구 둘레를 돌지만, 지구에 더 가깝거나 먼 위치에 놓일 수 있다. 따라서 지구에서 보기에 달이 주기적으로 밝고 어두워지며, 태양 역시 더 뜨겁거나 덜 뜨겁게 변화한다고 설명되기도 하였다. 또한 천체가 일시적으로 거꾸로 진행하는 역행운동은 그 천체가 지구 둘레의 커다란 이심원을 따라서 회전하는 작은 주전원에 따라 회전하기 때문이라고 설명되었다(그림 1-15).

이후로도 유럽에서 천동설은 쉽사리 의심되지 않았다. 실제로 천동설은 코페르니쿠스의 지동설 발표에도 불구하고 쉽게 비판되지

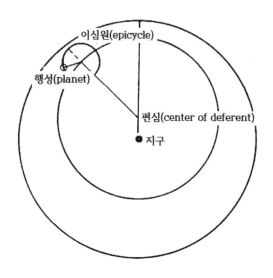

[그림 1-15] 프톨레마이오스의 천문학을 보여주는 그림

않았다. 후대의 케플러에 의해 밝혀졌듯이, 달이 커지거나 작아지는 것으로 보이는 이유는 그것이 완전한 원이 아니라 타원궤도로 회전하기 때문이다. 그는 이러한 설명을 수학과 기하학을 활용하여 정교하게 설명하려 노력하였다. 이러한 노력은 그리스 학자들의 기하학에 대한 특별한 신뢰로부터 영향을 받았기 때문이라고 볼 수 있다. 고대 그리스인의 수학과 기하학에 대한 특별한 신뢰가 근대 과학의 발전을 어떻게 이끌었고, 그것이 철학에 어떤 영향을 주었는지를 2권에서 살펴보는 일은 적잖게 흥미로울 것이다.

[이 책을 읽은 독자에게]

※ 이 책을 잘 읽었다면 다음과 같은 질문에 대답할 수 있어야 한다.

1. 글쓴이는 철학에 대해서 어떻게 규정하였는지 열거해보자.
2. 글쓴이는 그러한 규정 중 무엇을 가장 강조하였는가?
3. 플라톤은 진리를 밝히는 대표적 학문을 어느 분야로 보았는가?
4. 플라톤은, 우리가 그러한 진리를 추구할 수 있는 이유를 어떻게 보았는가?
5. 아리스토텔레스는 학문의 연구 방법론으로 무엇을 이야기하였는가?
6. 아리스토텔레스의 주장은 어떤 배경에서 나왔는가?

※ 함께 독서한 사람들과 토론해보자.

7. 플라톤 혹은 아리스토텔레스의 생각에 동의할 수 없는 부분은 무엇인가?
8. 글쓴이의 생각에 동의하기 어려운 부분은 무엇인가?
9. 이 책을 읽은 후, 각자의 의문이나 생각을 토론해보자.

[더 읽을거리]

제임스 매클렐란·해럴드 도른, 『과학과 기술로 본 세계사 강의
(*Science and Technology in World History: An Introduction*)』
(The Johns Hopkins University Press, 1999), 전대호 옮김, 모티
브북, 2006.

존 로제, 『과학철학의 역사(*A Historical Introduction to the Philo-
sophy of Science*)』(Oxford University Press, 1972, 2001), 최종
덕·정병훈 옮김, 한겨레, 1986; 동연출판사, 1998.

존 헨리, 『서양과학사상사(*A Short History of Scientific Thought*)』
(Macmillan, 2012), 노태복 옮김, 책과함께, 2013.

플라톤, 『소크라테스의 변명』, 최홍민 옮김, 고구려미디어, 2011.

플라톤, 『국가』, 김혜경 옮김, 생각정거장, 2016.

아리스토텔레스, 『형이상학』, 김재범 옮김, 책세상, 2018.

주(註)

1) 여기서 '철학(philosophy)'을 규정하는 핵심 이야기들은 《철학 대사전》에서 가져왔다. Paul Edwards ed. in chief, 2006, *Encyclopedia of Philosophy*, Macmillan Reference USA, 1978. 그렇지만 이해를 돕기 위한 사례들은 뒤에서 다뤄지는 이야기들에서 가져왔으며, 따라서 나중에 더 구체적 설명이 제공된다.

2) 고대 그리스어의 'Logos(λόγος)'란 말은 다양한 의미, 즉 '기초', '변명', '의견', '기대', '말', '화법', '설명', '이성', '명제', '논의' 등의 의미로 사용되었다. 나중에 헤라클레이토스(Heraclitus, 기원전 535-475 추정)가 '자연 질서의 원리', '지식' 등의 의미로 사용한 것을 계기로, 철학의 전문 용어가 되었다.

3) 아래의 설명은 다음의 책에서 가져왔다. W. D. Ross, *The Metaphysics of Aristotle*, A2, 982b.

4) 이 이야기는 오스틴의 책, 『말과 행위』(김영진 옮김, 서광사)에서 가져왔다.

5) 이 이야기는 김영진 교수(인하대)의 강의와 대화 내용에서 가져왔다.

6) 존 로크, 『인간 오성론(*An Essay Concerning Human Understanding*)』, 1690, Introduction, Ch. 1.

7) 이 이야기는 다음 책의 서문에서 가져왔다. John Losee, *A Historical Introduction to the Philosophy of Science*, Oxford University Press, 1972. 최종덕 · 정병훈 옮김, 『과학철학의 역사』, 한겨레, 1986.

8) 한국에서는 'rationalism'을 주로 '합리주의'라고 한다. 그렇지만 그 말이 '경험주의'에 대립적인 의미로 사용된다고 생각해볼 때, '이성주의'라고 하는 것이 더 어울린다는 생각이다. 경험주의자들을 비합리적이라고 하기 어렵기 때문이다. 그렇지만 지금까지 일반적으로 '합리주의'라는 말이 더 많이 쓰여왔다는 점에서 앞으로는 '이성주의(합리주의)'라고 두 용어를 함께 쓰도록 하겠다. 앞으로는 '이성주의'라는 말이 더 넓게 사용되기를 기대한다.

9) 이 이야기는 플라톤의 『국가론』에서 가져왔다.

10) [그림 1-5]는 다음의 그림을 참고하여 다시 그렸다. https://en.wikipedia.org/wiki/Carbon

11) 이 이야기는 다음 책을 참고하였다. 김영진, 『철학적 병에 대한 진단과 처방』, 철학과현실사, 2004.

12) 현재 초등학교 저학년 과학 교과서의 단원들에는 "관찰한 것을 분류해보 세요."라는 내용을 자주 볼 수 있다. 그것이 아리스토텔레스의 탐구 방식 을 의도한 것인지는 알 수 없지만, 글쓴이가 보기에는 그 질문의 의도는 그의 탐구 방법론과 관련이 있다는 생각이다.

추천사

　'철학하고 싶어 하는 과학자'에게 이 책『철학하는 과학, 과학하는 철학』은 가뭄에 단비 같은 소중한 길잡이다. 그 옛날 철학과 과학은 한 몸에서 태어났건만 어느덧 따로 떨어져 산 지 너무 오래돼 이젠 사뭇 서먹서먹하다. 에드워드 윌슨의『통섭(*Consilience*)』을 번역해 내놓은 지 얼마 안 돼 철학하는 분들 앞에서 강연할 기회를 얻자 통섭의 만용에 젖어 이렇게 도발했던 기억이 난다. "선생님들은 그동안 철학하신다며 인간이 어떻게 사고하는지에 대해 설명하시며 사셨습니다. 그런데 이제 생물학은 인간의 뇌를 직접 들여다보기 시작했습니다. 저희들이 만일 엉뚱한 사실을 발견하면 선생님들 평생 업적이 자칫 한순간에 날아가버릴지도 모릅니다. 이제는 모름지기 철학을 하시려면 적어도 뇌과학 정도는 공부하셔야 하지 않을까요?" 철학자 박제윤은 이 책에서 철학의 시작으로부터 과학의 발전과 더불어 철학이 어떻게 변해왔는지를 살펴보며, 결국 뇌와 인공지능 연구와 철학의 통합에 다다른다. 철학과 과학은 오랜 시간 돌고 돌아 결국 다시 한 몸이 되고 있다. 철학하고 싶어 하는 과학자와 과학하고 싶어 하는 철학자 모두에게 짜릿한 희열을 선사하리라 믿는다.

_ **최재천**(이화여대 에코과학부 석좌교수)

　고대 자연철학이라는 동일한 부모로부터 출발한 철학과 과학은 현대에 이르러 경쟁적 세계관을 제시하고 있는 것으로 보인다. 역사를 통해 많은 철학자가 과학자로 활동해왔고 마찬가지로 많은 과학자도 철학자로 활동하면서, 양 분야는 경쟁적이지만 상호 의존적인 미묘한 관계를 형성해왔다. 과학에 대한 철학적 성찰은 크게 과학의 한계에 주목하면서 과학과 철학을 구분하려는 접근과 과학과 철학의 경계를 넘어서려는 자연화된 접근으로 구분된다. 이 책은 후자에 속하는데 네 권에 걸쳐서 고대, 근대, 현대의 대표적인 과학사상 및 과학사상가를 중심으로 과학적 철학과 과학에 대한 철학적 성찰이 수행되어온 방대한 역사를 다루고 있다. 특히 4권은 신경과학을 인지와 마음을 설명하는 데 적용하는 신경망 이론과 신경철학의 대가인 처칠랜드 교수의 이론을 집중적으로 다루고 있어서, 이 책을 과학철학의 역사에 관심이 있는 분들에게 좋은 안내서로 추천해 드린다.

_ 이영의(고려대 철학과 객원교수, 전임 한국과학철학회 학회장)

과학기술 발전을 위한 창의성 기반이 바로 '생각하는 방법'으로서 철학이다. 과학과 철학은 본래 같은 뿌리에서 나왔지만, 각 분야의 지식을 빨리 따라잡기 위한 학습 방법으로 추진되어온 것이 바로 분야의 세분화였다. 그런데 이러한 세분화는 분야 간 장벽을 만들고, '장님 코끼리 만지기' 식의 불통을 낳았다. 근년에 들어서는, 융합, 통섭 등을 지향하는 본래의 포괄적 이해 방향은 다시금 근본을 생각하게 만들고 있다. 이에 저자는 두 문화(인문학과 과학) 간 불통을 안타까워하다가 이번에 좋은 책으로 융합과 통섭을 향한 나침반 역할을 하고자 이 책을 집필한 것으로 생각한다. 이 책의 일독을 강력하게 추천한다.

_ 김영보(가천대 길병원 신경외과, 뇌과학연구원 교수)

이 네 권의 책은 과학의 영역과 철학의 영역을 오랫동안 넘나들며 사유해온 저자의 경험에서 생성된 공부와 사유의 기록이다. 또 대학이라는 울타리 안과 밖에서 오랫동안 강의해온 저자의 경륜을 반영하듯 서술의 눈높이는 친절하다. 독자는 역사의 흐름 속에서 철학과 과학이 서로 어떻게 영향을 미치며 발달해왔는지, 그리고 서로에게 어떤 흥미로운 물음과 도전을 던지는지 자연스럽게 깨닫게 될 것이다.

_ 고인석(인하대 철학과 교수, 전임 한국과학철학회 학회장)

예비 과학교사들이 처음으로 접하는 과학교과교육 이론서인 과학교육론 교재에는 과학철학 분야가 가장 먼저 포함되어 있다. 그 이유는 예비 과학교사들이 과학철학을 배움으로써 과학의 본성적인 측면을 이해할 수 있고, 그에 따른 과학의 다양한 방법론을 이해하여 실제 학교 현장에서 과학을 가르칠 때 과학교과의 특성에 맞는 교수학습 전략을 창의적으로 개발하기를 기대하기 때문이다. 십여 년간 사범대학 과학교육과에서 과학교육론을 가르치면서, 가장 첫 장에 제시되는 과학철학을 어떻게 가르칠지에 대한 고민으로 늘 마음이 편치 않았다. 과학철학이 과학교육의 목표를 설정하고 내용을 조직하고 교수학습 전략을 모색하는 데 가장 중요한 방향을 제시해준다는 것은 분명하게 알고 있으나, 그동안 이를 어떻게 예비 과학교사들과 그들의 눈높이에 맞게 수업을 통해 공유할 수 있을지에 대한 좋은 해결책을 찾지 못했기 때문이다. 이러한 현실에서 이 책은 교육대학이나 사범대학 과학교육과에서 가르치는 교수님들이나 과학교육론을 배우는 예비 과학교사들이 과학교육에서 과학철학을 배워야 하는 이유와 그 의미를 명확하게 알려주는 반가운 책이라고 할 수 있다. 더 나아가 초중등학교 현장에서 과학을 가르치는 선생님들에게도 과학철학 분야에 쉽게 다가갈 수 있는 용기를 불러일으켜줄 수 있는 책이라고 생각한다.

_ 손연아(단국대 과학교육과 교수, 단국대부설통합과학교육연구소 소장)

수많은 사람들이 '과학은 비인간적이다'라는 잘못된 개념을 가지고 있는데, 여기에는 과학을 비난하는 것으로 연명한 일부 인문학 종사자에게도 책임이 있다. 과학이 결코 만능은 아니지만 진리에 다가가는 강력한 방법이고, 과학을 긍정하는 철학은 인간의 제한적 인식에 풍성함을 더해주며 삶의 길잡이가 되어준다. 박제윤 교수는 이 멋진 책에서 건전한 과학과 건강한 철학이 소통하였던 역사를 보여주고, 현재의 뇌과학과 신경철학을 소개하여, 미래를 전망하도록 도와준다. 두려움과 후회에서 한 걸음 나와서 희망과 기대로 미래를 바라보는 모든 이들에게 이 책을 추천한다. 특히 꿈을 지닌 과학도에게는 더욱 강력하게 추천한다.

_ 김원(인제대 상계백병원 정신건강의학과 교수)

박제윤

철학박사. 현재 인천대학교 기초교육원에서 가르치고 있다. 과학철학과 처칠랜드 부부의 신경철학을 주로 연구하고 있다.

주요 번역서로 『뇌과학과 철학』(2006, 학술진흥재단 2007년 우수도서), 『신경 건드려보기: 자아는 뇌라고』(2014), 『뇌처럼 현명하게: 신경철학 연구』(2015, 문화체육관광부 2015년 우수도서), 『플라톤의 카메라: 뇌 중심 인식론』(2016), 『생물학이 철학을 어떻게 말하는가』(공역, 2020, 대한민국학술원 2020년 우수도서) 등이 있다.

철학하는 과학, 과학하는 철학

과학철학의 시작

1판 1쇄 인쇄	2021년 4월 25일
1판 1쇄 발행	2021년 4월 30일
지은이	박 제 윤
발행인	전 춘 호
발행처	철학과현실사
출판등록	1987년 12월 15일 제300-1987-36호

서울특별시 종로구 대학로 12길 31
전화번호 579-5908
팩시밀리 572-2830

ISBN 978-89-7775-846-9   93400
값 12,000원